Introduzione alla Medicina Molecolare

Dennis W. Ross

Introduzione alla
MEDICINA
MOLECOLARE

Edizione italiana a cura di
Maria Rita Micheli e Rodolfo Bova

Presentazione a cura di
Riccardo Cortese

Dennis W. Ross, M.D., Ph.D.
Department of Pathology
Forsyth Medical Center
3333 Silas Creek Parkway
Winston-Salem, NC 27103, USA
e
Clinical Professor, Pathology
Wake Forest University
School of Medicine
Winston-Salem, NC 27103, USA
dwross@novanthealth.org

Titolo dell'opera originale:
Introduction to Molecular Medicine by Dennis W. Ross. 3rd Edition
Copyright © 2002, 1996, 1992 Springer-Verlag New York, Inc.
Springer fa parte di Springer Science+Business Media
Tutti i diritti riservati

Traduzione a cura di:
Maria Rita Micheli e Rodolfo Bova

Illustrazioni: David Pounds

ISBN-10 88-470-0322-9
ISBN-13 978-88-470-0322-4

Springer fa parte di Springer Science+Business Media

springer.it

© Springer-Verlag Italia 2005

Stampato in Italia

Layout di copertina: Simona Colombo, Milano
Impaginazione: Kley & Sebastianelli, Milano
Stampa: Grafiche Porpora Srl, Cernusco S/N, Italia

Presentazione della edizione italiana

Si va recentemente diffondendo una rinnovata fiducia nella possibilità che le conoscenze della biochimica e della biologia molecolare portino alla scoperta dei meccanismi molecolari responsabili degli stati patologici, e anche che siano direttamente rilevanti per la cura e la diagnosi delle malattie. Fino a non più di dieci anni fa, era ancora vivo un dibattito tra i pro e i contro del "sequenziamento totale" del DNA degli organismi. Oggi i contro sono scomparsi dalla faccia della terra, proprio come una specie estinta. La determinazione della sequenza del genoma di moltissimi organismi ha provocato una rivoluzione concettuale nella biologia, con un enorme impatto sulla medicina. Abbiamo assistito ad un vero e proprio "paradigm shift", di Kuhniana memoria, che ha eliminato il carattere di "black box" al genoma: oggi si può dire, sia pure con qualche approssimazione che: "questi sono i fenomeni, cioè i processi biologici e patologici, e questi sono i geni... non resta che trovare i collegamenti". Le interazioni tra geni e prodotti genici sono estremamente complesse, e in larga parte imprevedibili. Ho detto in larga parte per mettere in evidenza che non sono più totalmente imprevedibili! Grazie al "paradigm shift" portato dalla genomica, la biologia teorica, fino a pochi anni fa un presuntuoso ossimoro, comincia ora ad essere considerata sotto il nome di "systems biology" una ragionevole e dignitosa attività di ricerca.

Il termine di Medicina Molecolare appare sempre più idoneo per definire questo nuovo ambito multidisciplinare che ha origine dall'impatto sulla medicina della conoscenza del genoma. Sono nate Scuole di Medicina Molecolare, dove gli studenti possono ottenere una visione di insieme di come si sono formate e come si stanno sviluppando nuove idee e complesse tecnologie per le applicazioni più straordinarie al servizio della salute dell'umanità.

Deve essere, pertanto, considerata del tutto appropriata la scelta di questo manuale intitolato "Introduzione alla Medicina Molecolare" come volume inaugurale di Springer Biomed, la nuova serie di monografie di Springer-Verlag Italia dedicate alle scienze e alle tecnologie biomediche.

L'intelligente selezione e l'organizzazione degli argomenti che costituiscono questo testo incontreranno il favore degli studenti e dei docenti, grazie all'opportuno equilibrio fra fatti e prospettive, e all'entusiasmo che l'autore evidentemente prova per la scienza e che riesce a trasmettere con uno stile discorsivo piacevole e scorrevole.

In prospettiva futura, riteniamo che la stessa serie Springer Biomed avrà un riscontro positivo tra tutti i potenziali utenti, perché si propone di soddisfare le esigenze dei docenti e degli utenti della "nuova" università, adeguandosi alle sue rinnovate caratteristiche didattiche e formative.

Pomezia, Maggio 2005

Prof. Riccardo Cortese
Presidente dell'Istituto di Ricerche
di Biologia Molecolare (IRBM)
"P. Angeletti", Pomezia

Prefazione alla terza edizione

Questa edizione si propone di fare nuovamente il punto della situazione della medicina molecolare, una materia ancora giovane ma in rapida evoluzione. La prima edizione è apparsa dieci anni fa, nel millennio scorso, quando la clonazione di un gene costituiva ancora una tecnologia di avanguardia. Oggi la clonazione di un gene è un esperimento che può essere tranquillamente eseguito da studenti delle scuole superiori. Nel frattempo molte cose sono, in effetti, accadute: il sequenziamento del genoma umano è stato completato l'anno scorso e si è addirittura iniziato a parlare di clonazione umana, un'operazione (molto controversa) che potrebbe essere realizzabile già nel 2002. Gli strumenti a disposizione della medicina molecolare sono diventati estremamente potenti e automatizzati: i *microarrays* ci permettono di sondare ampie porzioni del genoma e delle sue funzioni, e la velocità di sequenziamento del DNA è aumentata di circa 100.000 volte nel decennio trascorso dalla pubblicazione della prima edizione di questo libro. Come conseguenza di questi enormi progressi tecnologici, le ricerche incentrate sul DNA, e quelle di biologia molecolare più in generale, stanno avendo un impatto sempre più profondo sulla medicina umana. Terapie molecolari basate sui vaccini a DNA, sull'antisenso o sul trasferimento genico sono attualmente oggetto di sperimentazioni cliniche.

La terza edizione è quasi completamente nuova (tutte le figure e circa il 90% del testo sono nuovi), ma il messaggio non è cambiato. Descrivo le scoperte, i concetti scientifici di base e l'entusiasmo suscitato da quella che costituisce chiaramente una rivoluzione nella medicina. Non fatevi disorientare dai dettagli tecnici e dal gergo: sono sempre accompagnati da esaurienti spiegazioni. Inoltre, per molti termini (facilmente individuabili nel testo perché scritti in grassetto) viene fornita una definizione nel glossario. Ogni capitolo inizia con un'introduzione, che fornisce una visione d'insieme dell'argomento, e termina con un riepilogo. Questo libro non è una monografia esaustiva: mi limito ai concetti di base così come vengono illustrati da importanti esempi clinici. L'obiettivo è quello di prepararsi agli enormi cambiamenti che emergeranno dalla decodificazione e dalla comprensione del genoma umano e delle basi molecolari della vita.

Dennis W. Ross, M.D., Ph.D.
Winston-Salem, North Carolina

Prefazione alla seconda edizione

Nei quattro anni trascorsi dalla pubblicazione della prima edizione di questo libro, la rivoluzione molecolare ha continuato la sua strada. Il DNA è stato nominato Molecola dell'Anno dalla rivista *Time*, il premio Nobel è stato assegnato a un giovane ricercatore per l'invenzione della reazione a catena della polimerasi e i telespettatori hanno imparato a conoscere il "test del DNA". L'applicazione delle tecnologie molecolari in medicina è sempre più frequente. La disponibilità di sonde di DNA per la diagnosi di predisposizione al cancro, oltre a insegnarci molte cose su questa patologia, sta mettendo sotto pressione il nostro sistema assicurativo e a dura prova le nostre idee riguardo all'etica medica. In questa edizione ho aggiunto alcune nuove sezioni, oltre a un nuovo capitolo. Sono stati anche inseriti nuovi esempi di medicina molecolare a dimostrazione delle attuali applicazioni di questa tecnologia. I concetti fondamentali della biologia molecolare continuano a costituire la base dei primi tre capitoli del libro. L'entusiasmo suscitato dalla medicina molecolare, a cui ho fatto cenno nella prefazione alla prima edizione, rimane intatto, anche se attualmente ha assunto una sfumatura di inquietudine e di timore per i cambiamenti che la tecnologia del DNA ricombinante sta apportando alla nostra società.

Dennis W. Ross, M.D., Ph.D.
Winston-Salem, North Carolina

Prefazione alla prima edizione

Questo libro descrive le scoperte che hanno contribuito a creare una nuova disciplina denominata medicina molecolare. L'utilizzazione della tecnologia del DNA ricombinante nella ricerca medica, e più recentemente nella pratica clinica, costituisce uno strumento rivoluzionario per i nostri studi sulle malattie. L'analisi del genoma umano sta rapidamente diventando routine come l'osservazione delle cellule al microscopio, e la clonazione di un nuovo gene è attualmente un'operazione comune, come la stessa lettura dei quotidiani rivela. La tecnologia del DNA ricombinante, come a suo tempo l'invenzione del microscopio, ci svela un mondo di dettagli più ricco di quanto avremmo potuto immaginare.

Questo libro descrive le scoperte, i concetti scientifici di base e l'entusiasmo suscitato dalla rivoluzione rappresentata dalla medicina molecolare. Le basi scientifiche della medicina molecolare sono spiegate in modo semplice e diretto. Il livello dei dettagli tecnici, tuttavia, permette al lettore di apprezzare l'efficacia della tecnologia del DNA ricombinante. Questo libro è costantemente orientato in direzione delle applicazioni cliniche: tutti gli esempi e le applicazioni sono collegati alle nuove conoscenze mediche e ai nuovi metodi di diagnosi e terapia. Alcuni argomenti di medicina molecolare vengono esaminati più dettagliatamente per permettere al lettore di rendersi conto dell'efficacia e dell'agilità dell'approccio molecolare alla malattia. Non nascondo che la comprensione di gran parte delle recenti scoperte nell'ambito della medicina molecolare è ancora incompleta.

La mia intenzione, in questo libro, è quella di presentare i concetti della medicina molecolare attraverso esempi provenienti da tutte le branche della medicina. Ho incluso, per esempio, le malattie infettive, i difetti genetici e il cancro. Tuttavia, non ho tentato di fare una rassegna completa di tutte le aree della medicina molecolare: in questo campo vengono fatte così tante scoperte ogni settimana, che non è ancora possibile metterle insieme in un volume esaustivo. Il mio obiettivo è quello di aiutare il lettore a capire cosa il futuro può riservarci e di mostrare le più importanti applicazioni attualmente disponibili.

Dennis W. Ross, M.D., Ph.D.
Winston-Salem, North Carolina

Ringraziamenti

È mio desiderio ringraziare le tante persone che hanno fornito gli utili suggerimenti e sostenuto i costruttivi dialoghi che hanno migliorato questa terza edizione. Sono stati gli studenti di medicina a insegnare a me mentre ero apparentemente impegnato nel tentativo di insegnare a loro. Uno speciale ringraziamento va ad Angela Bartley e Tehnaz Parakh. Gli ammalati di cancro con i quali ho lavorato hanno costituito per me la testimonianza vivente di quanto sia necessario tradurre la ricerca medica in pratica clinica. I miei colleghi medici Malcolm Brown, David Collins, Joseph Dudley, Tommy Simpson e Edward Spudis hanno benevolmente permesso che approfittassi della loro disponibilità a commentare il mio manoscritto. Il Dr. Gordon Flake merita uno speciale ringraziamento per la lunga e assidua assistenza alla stesura di questo libro e del suo testo compagno *"Introduction to Oncogenes and Molecular Cancer Medicine"* (Springer, 1998). Ringrazio anche Laura Gillan, il mio *editor* presso la Springer, che ha reso possibile la realizzazione di questo libro. All'epoca in cui non ero sicuro di essere in grado di affrontare tutto quello che stava avvenendo nel campo della medicina molecolare, mi disse: "pensa solo a renderlo semplice" e io ho provato. Tutte le illustrazioni in questa terza edizione sono nuove: David Pounds, un illustratore medico, ha preso in consegna tutte le figure fatte da me nelle precedenti edizioni e le ha reinterpretate o sostituite con immagini allo stesso tempo più gradevoli graficamente e più precise. Infine, devo ringraziare mia moglie Suzie Ross per il costante incoraggiamento e il sostegno molto concreto alla mia attività di autore e alla mia carriera.

Dennis W. Ross, M.D., Ph.D.
Winston-Salem, North Carolina

Indice

Tecnologie molecolari e patologie umane

Principi fondamentali della biologia molecolare

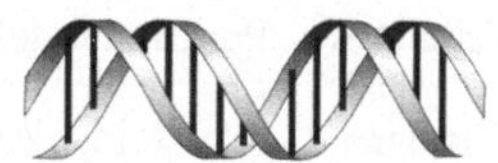

CAPITOLO 1

Il genoma umano

Introduzione

Un gene è un frammento di DNA codificante un'informazione che fa stabilmente parte della struttura di una cellula e una copia della quale viene trasmessa, al momento della divisione cellulare, a ciascuna delle cellule figlie. Il genoma umano è costituito da 3 miliardi di paia di basi e contiene circa 35.000 geni. L'analisi della struttura di un gene dimostra che esso, oltre a specificare la sequenza aminoacidica della proteina codificata, contiene molti elementi regolatori che ne controllano l'espressione. Considereremo in dettaglio alcuni geni, come per esempio il gene della proinsulina *INS*, allo scopo di porre le premesse per affrontare problemi clinici quali il trattamento del diabete mediante l'ingegneria genetica. La stessa genetica fondamentale si è notevolmente arricchita grazie alle conoscenze molecolari che abbiamo acquisito per il genoma umano. In parole povere: le cose sono più complicate rispetto ai piselli rugosi di Mendel. Le principali patologie, quali l'aterosclerosi, sono caratteri multifattoriali, cioè dipendono da molti geni e dall'interazione tra questi e le influenze esterne. Infine, proprio mentre registriamo la positiva conclusione del sequenziamento del genoma umano, dobbiamo riconoscere che molte importanti caratteristiche degli individui non sono codificate nel genoma.

Il messaggio genetico

In ogni cellula del corpo è contenuta l'informazione necessaria per specificare la struttura fisica di un intero essere umano. Questa informazione costituisce il genoma ed è scritta nel DNA in forma di una stringa di 3 miliardi di lettere, con un alfabeto costituito da soltanto quattro basi: A-adenina, T-timina, C-citosina e G-guanina. In una singola cellula il DNA è presente in una quantità pari a 7.1 picogrammi (10^{-12} grammi) ed è localizzato all'interno del nucleo sotto forma di un filamento lineare lungo 2 metri, con uno spessore di 0.2 nanometri (Tabella 1.1).

Per apprezzare appieno le dimensioni e la complessità del genoma umano mi sembra utile considerare alcune analogie. Innanzitutto, immaginiamo la molecola del DNA portata alle dimensioni del binario di una ferrovia le cui rotaie siano costituite dallo scheletro dell'elica del DNA e le cui traversine siano le coppie di basi A-T o G-C: questo binario sarebbe lungo circa 1.700.000

Tabella 1.1. Parametri del genoma umano

Numero di paia di basi (bp) = 6×10^9 (genoma diploide)
Una quota compresa tra l'1% e il 5% codifica per proteine; la restante parte è costituita da elementi regolatori e DNA *junk*
Numero di geni = 35.000 per genoma aploide
Dimensioni di un gene = da 1.000 a 200.000 bp; dimensioni più frequenti = 30.000
Il 24% del genoma è costituito da introni
Il 75% del genoma è disposto tra i geni
Il 50% del genoma è costituito da sequenze ripetute
Differenze nel genoma tra una persona e un'altra: 0.1% ovvero 1 base su 1.000
Numero dei polimorfismi di un singolo nucleotide (SNP) = $2\text{-}2.5 \times 10^6$
Differenze nel genoma tra l'uomo e lo scimpanzé: 2% ovvero 20 basi su 1.000
Numero di cromosomi = 22 coppie più XX o XY
Dimensioni dei cromosomi: il più grande (cromosoma 1) = 279 Mb; il più piccolo (cromosoma 22) = 48 Mb
1 centimorgan (cM) = circa 1 milione di paia di basi (1 Mb)
Lunghezza totale del DNA = 2 metri
Ampiezza della molecola di DNA a doppia elica = 2×10^{-9} metri
Dimensione di un intero giro a 360° dell'elica (10 bp) = 3.4×10^{-9} metri
Peso del DNA contenuto in una cellula = 7.1×10^{-12} grammi

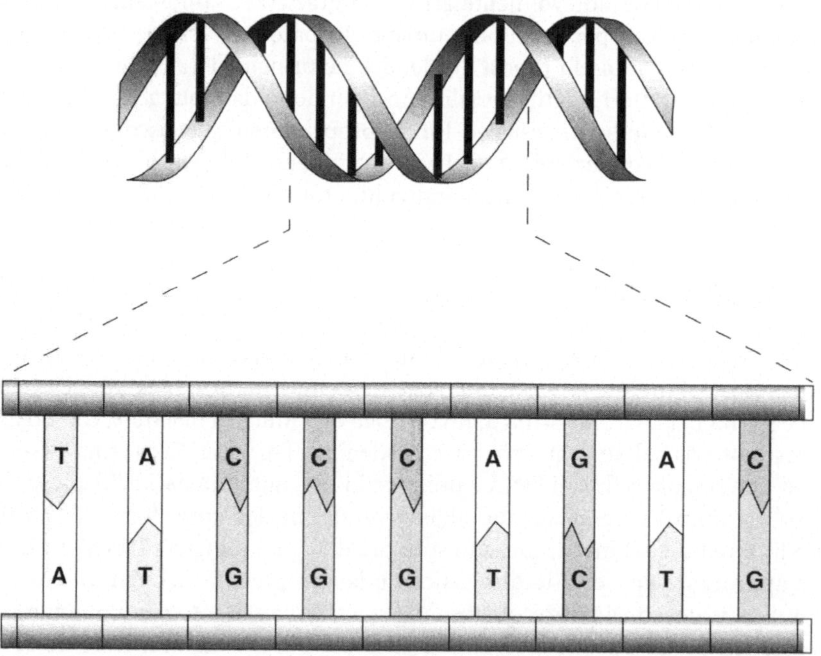

Fig. 1.1. La molecola del DNA è una doppia elica. L'informazione genetica è codificata nelle coppie di basi, A-T e G-C, che legano trasversalmente i due filamenti

chilometri. Le traversine contengono l'informazione genetica. Come mostrato nella Figura 1.1, risalendo lungo una rotaia si potrebbe leggere la sequenza ATGGGTCTG, mentre scendendo lungo l'altra si leggerebbe la sequenza di basi complementare TACCCAGAC. Sequenziare il genoma umano significa percorrere 1.700.000 chilometri e registrare le lettere viste su 3 miliardi di traversine. Una ventina di anni fa, i ricercatori "scaglionati" lungo questo lunghissimo binario erano alcune decine e la "distanza" che essi erano in grado di coprire in un giorno era pari a circa 100 paia di basi (bp, *base pairs*). Una decina di anni fa, quando fu avviato il Progetto Genoma Umano, i gruppi di ricerca impegnati in quest'impresa erano diventati un migliaio circa e la velocità con cui procedevano era salita fino a 10.000 bp al giorno. Attualmente, grazie alle moderne tecniche di sequenziamento e alla tecnologia dei chip a DNA, siamo in grado di decifrare 1.000 bp al secondo. Questa è una velocità sorprendente, ma ancora circa 10 volte inferiore alla velocità alla quale una cellula può replicare il proprio DNA. Durante il ciclo di divisione cellulare l'intero genoma diploide viene replicato nel giro di 12 ore.

Contenuto informazionale del genoma

Un **gene** è un segmento di DNA che codifica un'unità informazionale che fa stabilmente parte della struttura di una cellula e una copia della quale viene trasmessa, al momento della divisione cellulare, a ciascuna delle cellule figlie. I tre elementi essenziali di questa definizione sono *DNA, unità informazionale* e *copia*. Un gene codifica per una specifica sequenza lineare di aminoacidi che viene assemblata sui poliribosomi della cellula. La Figura 1.2 mostra un messaggio genetico *codificato* nel DNA, *trascritto* in RNA messaggero e *tradotto* in proteina. Gli eventi che controllano l'espressione del messaggio genetico (argomento che verrà trattato nel Capitolo 2) controllano la funzione delle cellule nell'organismo mediante la modulazione della sintesi delle proteine.

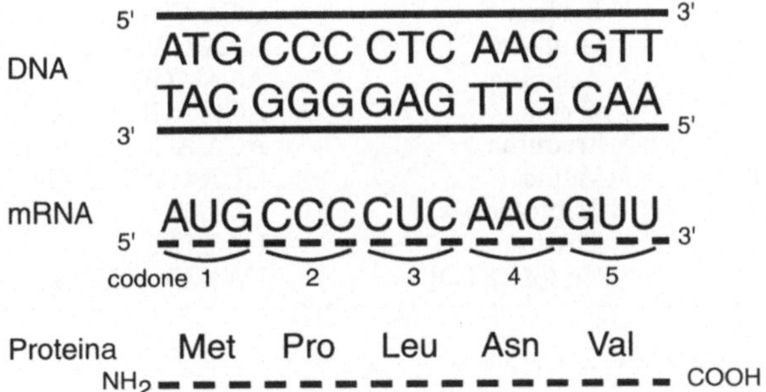

Fig. 1.2. Il percorso del messaggio genetico parte da una molecola di DNA a doppia elica che funge da stampo per la sintesi dell'RNA messaggero. L'mRNA, letto a gruppi di tre basi costituenti un codone, determina la sequenza degli aminoacidi nella proteina

Il messaggio genetico è espresso in "parole" di tre lettere denominate **codoni**. Ogni codone specifica uno dei 20 possibili aminoacidi che sono le unità costitutive di tutte le proteine. Nella Tabella 1.2 sono elencati i 20 aminoacidi (comprese le loro abbreviazioni a tre lettere e a una lettera) e i corrispondenti codoni. È importante notare che nell'RNA è presente la base uracile anziché la timina, il che implica la presenza di una U nell'RNA al posto di ogni T presente nel corrispondente DNA. Questo codice genetico è utilizzato da tutti gli organismi viventi presenti sulla terra![1] I codoni STOP, o di terminazione, UAA, UAG e UGA non specificano alcun aminoacido, ma sono usati come segni di interpunzione che stabiliscono la fine del messaggio. Si stima che i 3 miliardi di coppie di basi del genoma contengano circa 35.000 geni. È importante farsi un'idea della quantità di informazione che ciò rappresenta e anche in questo caso ci può aiutare un'analogia. I tre miliardi di lettere contenute nel genoma corrispondono, all'incirca, al numero di lettere contenuto in tutti i libri di una buona biblioteca di una facoltà di medicina. Nella biblioteca, le lettere vengono usate per specificare parole di varia lunghezza riunite in frasi con punteggiatura. Queste, a loro volta, sono organizzate in paragrafi, capitoli e libri. Nel genoma ci sono soltanto codoni di tre lettere e la punteggiatura è limitata ai segnali di inizio e di fine.

Tabella 1.2. Il codice genetico

Simbolo		Aminoacido	Codoni
1 lettera	3 lettere		
A	Ala	Alanina	GCA GCC GCG GCU
C	Cys	Cisteina	UGC UGU
D	Asp	Acido Aspartico	GAC GAU
E	Glu	Acido Glutammico	GAA GAG
F	Phe	Fenilalanina	UUC UUU
G	Gly	Glicina	GGA GGC GGG GGU
H	His	Istidina	CAC CAU
I	Ile	Isoleucina	AUA AUC AUU
K	Lys	Lisina	AAA AAG
L	Leu	Leucina	UUA UUG CUA CUC CUG CUU
M	Met	Metionina	AUG (è anche un codone START)
N	Asn	Asparagina	AAC AAU
P	Pro	Prolina	CCA CCC CCG CCU
Q	Gln	Glutamina	CAA CAG
R	Arg	Arginina	AGA AGG CGA CGC CGG CGU
S	Ser	Serina	AGC AGU UCA UCC UCG UCU
T	Thr	Treonina	ACA ACC ACG ACU
V	Val	Valina	GUA GUC GUG GUU
W	Trp	Triptofano	UGG
Y	Tyr	Tirosina	UAC UAU
–	–	Codoni STOP	UAA UGA UAG

---

[1] Per essere precisi, esistono alcune rarissime eccezioni all'universalità del codice genetico (il DNA di alcuni microrganismi e quello mitocondriale). A questo proposito, avverto il lettore che per qualsiasi regola esistono sempre eccezioni e variazioni. A volte non le citerò volutamente, altre volte potrei addirittura non esserne a conoscenza.

Open Reading Frame (ORF)

Quando guardiamo una lunga sequenza di DNA, la punteggiatura non è facilmente visibile. Sappiamo che le basi vengono lette in codoni di tre lettere, ma dove inizia un codone? Riflettendoci, esistono, in realtà, tre possibili moduli di lettura (*reading frames*), uno solo dei quali è corretto. Consideriamo il seguente esempio, scritto in parole inglesi di tre lettere anziché in codoni di tre basi:

FTHEOWLANDCATATECODONEANDALLEG

Un *reading frame* che produce un messaggio dotato di senso inizia dalla seconda lettera, mentre *reading frames* che iniziano dalla prima o dalla terza lettera producono messaggi privi di significato.

Trovare il corretto *reading frame* in una sequenza di DNA comporta cercare una lunga serie di codoni che non contenga alcun codone STOP. Soltanto all'interno di un gene e soltanto se viene utilizzato il corretto modulo di lettura, si troverà una lunga sequenza nucleotidica in cui non sia presente alcun codone STOP. In qualsiasi altra situazione, all'interno di *reading frames* non giusti e nelle regioni di DNA che sono esterne ai geni, si incontrerà in media un codone STOP ogni 30 basi circa. Una sequenza di DNA che non contiene codoni STOP è definita modulo di lettura aperto (***Open Reading Frame,*** ORF). Quando i ricercatori determinano una nuova sequenza di DNA, l'individuazione di un ORF è motivo di grande soddisfazione perché questo significa che si trovano di fronte a un nuovo gene anzichè a una regione non codificante del genoma.

Genoma e biblioteca a confronto

In una biblioteca i libri sono collocati sugli scaffali; i geni si trovano su 23 coppie di cromosomi e ciascuno di essi è, quindi, presente in due copie non necessariamente identiche (una copia su ciascuno dei due cromosomi omologhi). Il genoma fornisce l'informazione attraverso la trascrizione del DNA in RNA messaggero (mRNA) che, a sua volta, viene utilizzato come stampo per la sintesi di una proteina. Pochi minuti dopo l'utilizzazione, il trascritto viene distrutto. Il sistema individua nel giro di pochi secondi qualsiasi gene la cui espressione si renda necessaria e sintetizza una nuova poteina nel giro di pochi minuti.

A questo punto l'analogia con la biblioteca si indebolisce notevolmente (Tabella 1.3): in una biblioteca i libri possono essere identificati mediante un catalogo di schede o mediante un database informatico. Per il genoma, il meccanismo che consente di individuare specifiche informazioni è sostanzialmente sconosciuto. In una biblioteca i libri sono raggruppati sugli scaffali per argomenti. I geni non sembrano affatto essere ordinati in modo analogo sui cromosomi: la loro localizzazione è apparentemente casuale. Esistono alcuni raggruppamenti di geni come le β-globuline sul cromosoma 11, gli antigeni del complesso mag-

Tabella 1.3. Archiviazione delle informazioni: il parallelo biblioteca/genoma

	Biblioteca	Genoma umano
Dimensioni	Migliaia di libri	35.000 – 50.000 geni
Sistema di codifica	Alfabeto di 26* lettere Parole di lunghezza variabile Spazi vuoti e punteggiatura	Alfabeto di 4 lettere Codoni di 3 lettere Codoni START e STOP Sequenze regolatrici
Organizzazione	Libri sugli scaffali, ordinati per soggetto	Geni localizzati sui cromosomi in un ordine apparentemente casuale
Meccanismo di ricerca delle informazioni	Catalogo cartaceo o database	Sconosciuto
Meccanismo di diffusione delle informazioni	Prelievo dei libri	Trascrizione dei geni
Origine	Scrittura dell'uomo	Evoluzione naturale (finora)

* NdT: alfabeto inglese

giore di istocompatibilità sul cromosoma 6 e, sul 14, le catene pesanti delle immunoglobuline prodotte dai linfociti B. In generale, tuttavia, non si osserva alcuna particolare distribuzione dei geni sulla base della loro funzione.

La principale differenza tra una biblioteca e il genoma umano consiste nel fatto che i libri sono scritti dagli uomini mentre il genoma è un prodotto dell'evoluzione naturale. L'informazione contenuta in una biblioteca cambia rapidamente: leggiamo vari libri, ci viene in mente un'idea e scriviamo un nuovo libro che viene poi inserito nella biblioteca stessa. La cellula non può aggiungere nulla al proprio archivio di informazioni sulla base della propria esperienza. Il genoma evolve lentamente mediante i fenomeni della mutazione, della ricombinazione dei geni parentali nella riproduzione sessuale e della selezione naturale.

Tuttavia, all'inizio del nuovo millennio le regole per il genoma umano stanno cambiando: abbiamo acquisito la capacità di "scrivere" all'interno del nostro stesso DNA e di "correggere" le informazioni contenute nelle nostre biblioteche interne. A mio avviso, la capacità di leggere e modificare il nostro patrimonio genetico rappresenta l'inizio di una rivoluzione nella cultura umana i cui esiti non saranno chiari per diverso tempo. Discuteremo ancora questo argomento nei Capitoli 3 e 6, quando tratteremo l'ingegneria genetica.

Anatomia di un gene

In passato, gran parte delle energie degli studenti di medicina erano assorbite dallo studio dell'anatomia, sia macroscopica che microscopica; gli studenti attuali devono aggiungere al loro curriculum l'anatomia molecolare. Con 35.000 geni umani, questo potrebbe sembrare un argomento molto difficile, soprattutto in termini di memorizzazione, ma, in realtà, l'importante è acquisire alcuni princìpi fondamentali dell'anatomia dei geni. I geni sono organizzati in segmenti codificanti denominati **esoni**, separati da segmenti non codificanti denominati **introni**. Una gran parte del genoma umano è costituita da introni e da altre sequenze di DNA non codificante: circa il 95% dei 3 miliardi di coppie di basi del genoma non contribuisce alla codifica della sequenza di alcuna proteina. La maggior parte di questo DNA è definito *junk* (spazzatura), in quanto le sue funzioni, come vedremo più avanti, non sono ancora chiare. Affrontiamo lo studio dell'anatomia dei geni descrivendo alcuni esempi specifici.

BRCA1

Quando un gene viene trascritto in RNA, l'intera sequenza viene copiata. Tuttavia, quando la molecola di RNA viene processata, tutte le basi corrispondenti alle sequenze introniche vengono rimosse. La Figura 1.3 mostra una rappresentazione schematica del gene di predisposizione al carcinoma mammario *BRCA1*. Si tratta di un gene molto grande che contiene 23 esoni e si estende per

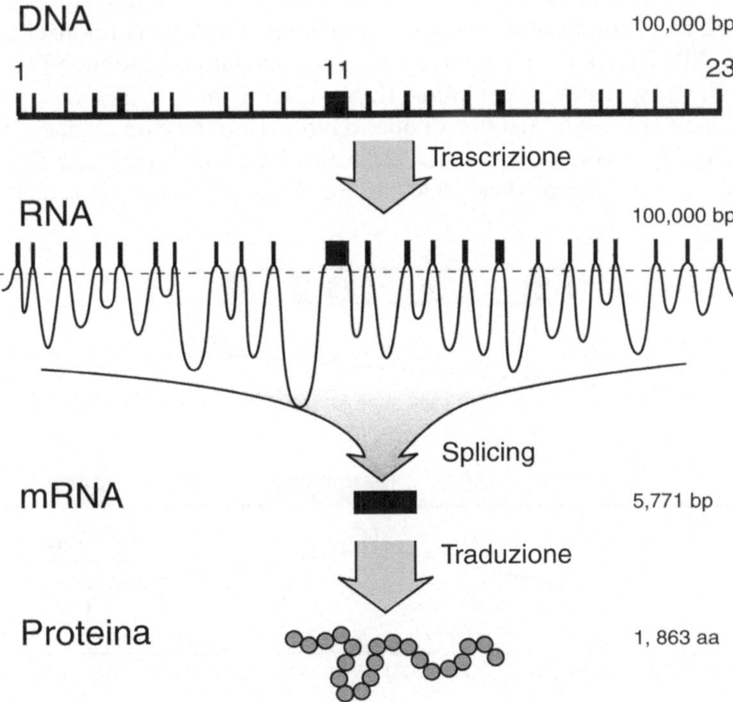

Fig. 1.3. L'informazione contenuta nella sequenza nucleotidica del gene *BRCA1* viene convertita in proteina attraverso tre passaggi intermedi: (1) trascrizione in RNA, (2) rimozione degli introni con produzione di un mRNA molto più breve e (3) traduzione in proteina

100.000 bp. Come mostrato nella figura, queste 100.000 bp vengono trascritte da DNA a RNA e, successivamente, le sequenze introniche vengono rimosse dando origine a un'ininterrotta molecola di mRNA di 5.771 basi che viene poi, a sua volta, tradotta in una proteina di 1.863 aminoacidi (aa).

C-MYC

La Figura 1.4 è una rappresentazione più dettagliata di un altro gene, l'oncogène *C-MYC*, al quale è necessario dedicare una particolare attenzione perché costituirà una pagina importante dei libri di anatomia del futuro. Nella parte superiore della Figura 1.4, è rappresentato il cromosoma 8 come apparirebbe in un cariotipo metafasico colorato con Giemsa. Le bande a colorazione chiara e quelle a colorazione scura che si osservano sia sul braccio corto (p) che sul braccio lungo (q) sono al limite della visibilità al microscopio. Una punta di freccia indica la localizzazione sub-microscopica di *C-MYC* nella regione 8q24.12 del braccio lungo. La parte inferiore della figura mostra la struttura del gene *C-MYC*. Questo è un gene di piccole dimensioni che contiene tre esoni e si estende per sole 5.000 bp. La distanza compresa tra gli esoni 1 e 2 è pari a 1.625 bp e quella tra gli esoni 2 e 3 è pari a 1.377 bp. Il primo esone di *C-MYC* non è tradotto, ma contiene vari elementi regolatori. La Figura 1.5 evidenzia alcuni elementi funzionali della sequenza di *C-MYC*. L'inizio dell'esone 2 corrisponde all'inizio di un *open reading frame* e la traduzione della proteina C-MYC inizia 16 bp più a valle in corrispondenza del codone START, o di inizio, ATG, che specifica la metionina. L'*open reading frame* dell'esone 3 termina con il codone STOP TAA. Alla fine di questo esone è presente un segnale per l'aggiunta della coda di polyA caratteristica delle estremità 3' delle molecole di mRNA. L'mRNA di *C-MYC* è lungo circa 2.300 basi e codifica per una proteina di 453 aa.

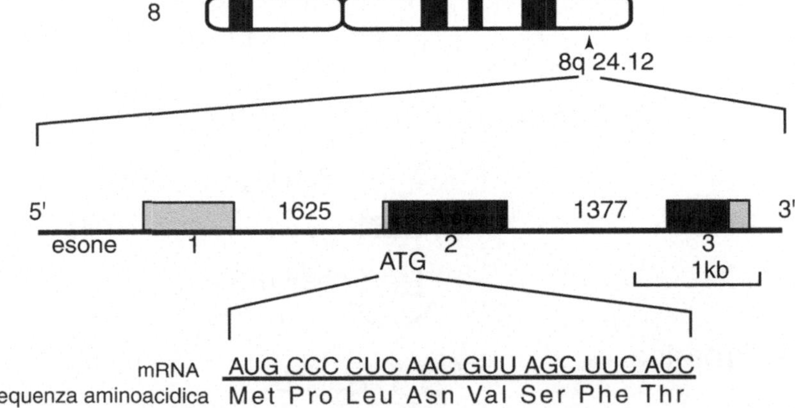

Fig. 1.4. Lo schema della struttura dell'oncogène *C-MYC*, localizzato sul cromosoma 8 (nella posizione indicata dalla freccia), mostra un'organizzazione in tre esoni. Il codone di inizio ATG segna il punto di inizio della sequenza che, nell'mRNA, codifica per la sequenza aminoacidica della proteina

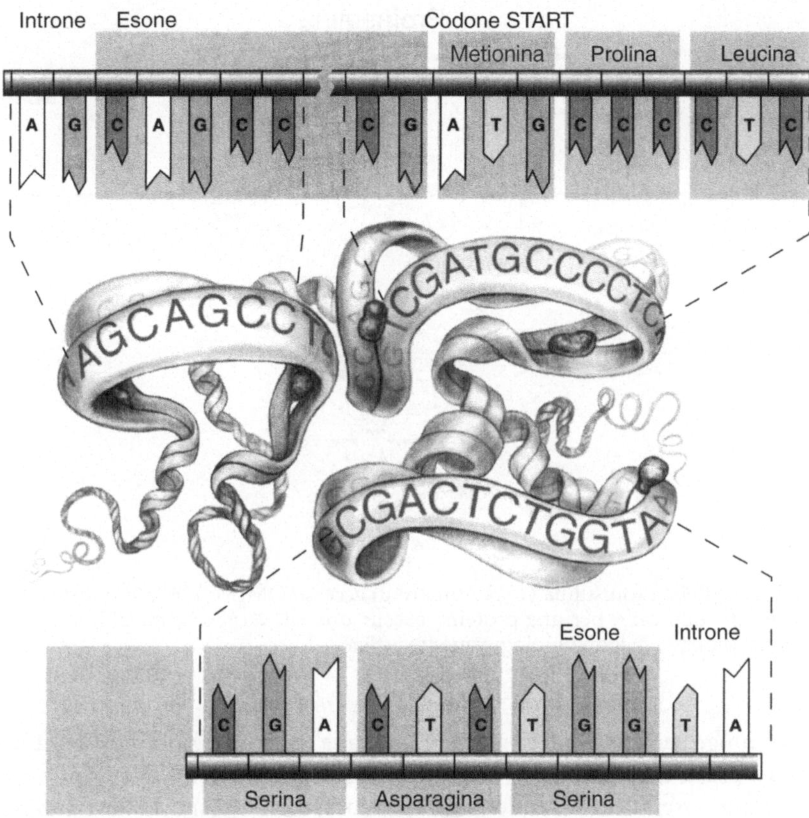

Fig. 1.5. Sequenza parziale del gene *C-MYC* nella quale sono evidenziate caratteristiche funzionali quali i confini introne-esone e il codone di inizio

INS

Un altro gene semplice, uno dei primi a essere stato sequenziato, è *INS*, il gene della proinsulina. Come mostrato nella Figura 1.6, questo gene contiene tre esoni che codificano per un mRNA di 450 basi. Il primo esone viene trascritto ma non tradotto in proteina: esso costituisce una regione non tradotta (UTR, *UnTranslated Region*). Il secondo esone codifica per un piccolo peptide segnale, per la catena A e per una parte del segmento di connessione C. Il terzo esone codifica per la restante parte di C e per la catena B. Dopo che la proteina è stata assemblata sui ribosomi nel citoplasma, il segmento C viene rimosso e le catene A e B vengono legate covalentemente mediante la formazione di due legami disolfuro. Ciò costituisce una **modificazione post-traduzionale** che la molecola della proinsulina subisce quando viene prodotta nella giusta situazione ambientale. L'assemblaggio della molecola si verifica attraverso una serie di fasi che non sono codificate nel DNA. La maggior parte dei geni contiene un numero di eso-

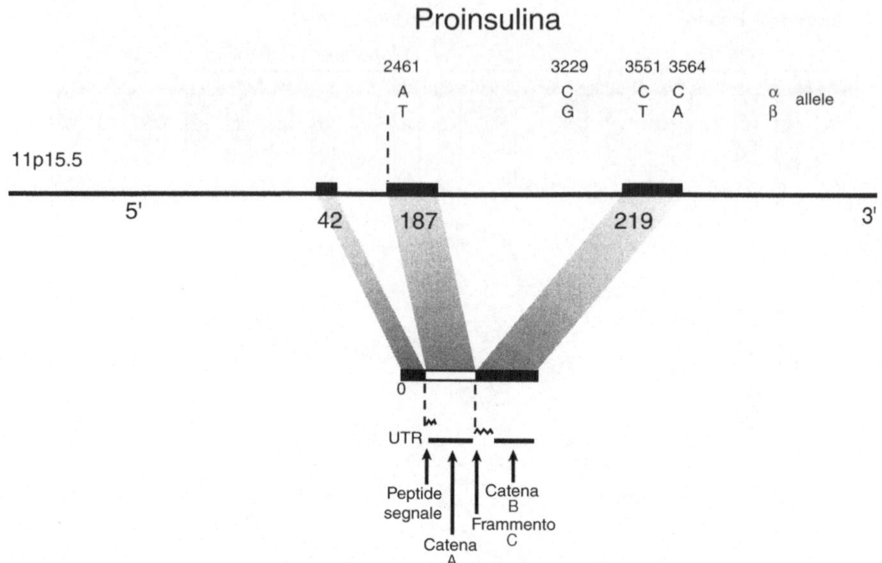

Fig. 1.6. Il gene della proinsulina (*INS*, numero di accesso OMIM: 176730) è costituito da tre brevi esoni codificanti per una proteina precursore, che è modificata all'interno della cellula per produrre l'insulina biologicamente attiva

ni di gran lunga superiore a tre e presenta *splicing* e modificazioni post-traduzionali molto più complessi. I geni di grandi dimensioni e composti da numerosi esoni possono essere letti secondo varie modalità, dando così origine a differenti proteine sulla base di trascritti alternativi. *INS*, invece, è effettivamente così semplice come appare.

Nella Figura 1.6 è illustrato un altro aspetto importante: esistono due versioni della sequenza nucleotidica del gene *INS*, denominate rispettivamente allele alfa e allele beta, comunemente osservabili nella popolazione generale. La figura mostra le differenze tra le sequenze dei due alleli. Parleremo degli **alleli** più avanti in questo capitolo ma, fin d'ora, possiamo definirli come versioni alternative di un gene che condividono un comune *locus* (uno specifico sito all'interno del genoma).

La mappa del gene *INS*, riportata nella Figura 1.6, ci fornisce una serie di informazioni, ma non tutte quelle che vorremmo. Nel Capitolo 2 tratteremo la regolazione dell'espressione dell'insulina e le Figure 2.4 e 2.5 illustreranno come il gene *INS* sia regolato allo scopo di mantenere un controllo omeostatico del metabolismo del glucosio. Nel Capitolo 5 prenderemo in considerazione come questo gene possa essere manipolato mediante le tecniche dell'ingegneria genetica (vedere Figura 5.9) allo scopo di crearne una versione migliorata da utilizzare nella terapia genica. Per il momento ci limitiamo ad acquisire i concetti fondamentali sulla base dei quali potremo costruire il discorso successivo.

DNA *junk*

Meno del 5% dei 3 miliardi di coppie di basi del genoma umano codifica per proteine. Il restante DNA, chiamato a volte *junk*, è costituito principalmente da sequenze ripetute che si sono originate attraverso vari meccanismi e la conoscenza delle quali è importante ai fini del DNA *fingerprinting* o per studi antropologici. Le sequenze ripetute ci insegnano anche qualcosa riguardo a fenomeni genetici quali la mutazione.

Citerò soltanto alcune caratteristiche del DNA *junk*, quanto basta per ricordare che esiste e che è presente in quantità molto più grande rispetto al DNA che codifica per proteine. Le ripetizioni che costituiscono il DNA *junk* sono, a volte, solo delle semplici ripetizioni di una o poche basi, come ad esempio $(A)_n$, $(CA)_n$ o $(CGG)_n$, con n che indica il numero di copie dell'unità di base, in genere da 8 a 20. Le sequenze ripetute possono essere anche molto più lunghe. Consideriamo, per esempio, la misteriosa ripetizione Alu. Alu è una sequenza lunga circa 280 bp che è ripetuta più di un milione di volte nel genoma umano! In effetti il 10% del genoma umano è costituito da sequenze Alu! Queste sequenze non sono distribuite omogeneamente in tutto il genoma e la loro concentrazione in alcune aree può influenzare la frequenza della ricombinazione e della duplicazione genica. Il numero di copie delle sequenze Alu, e di altre sequenze ripetute ancora più lunghe presenti nel genoma, sta aumentando con il passare del tempo: esse risultano infatti molto meno abbondanti nel DNA fossile. Alcuni considerano le sequenze del tipo di Alu come "parassiti" che vivono nel nostro DNA, ma, comunque, rimane ancora molto da capire riguardo al DNA *junk*.

La "geografia" del genoma

Se pensate che siano un problema quelle carte stradali pieghevoli che durante i lunghi viaggi in macchina finiscono sempre per ridursi a un ammasso ingarbugliato, aspettate la vostra prima esperienza con la mappa del genoma umano. Il genoma umano è enormemente esteso e incredibilmente pieno di dettagli. "Dirigiamoci", per esempio, verso uno specifico "luogo": il sito dell'importantissimo gene oncosoppressore *p53*. La Figura 1.7 mette a confronto mappe genomiche e carte geografiche per dare un'idea dei rapporti tra gli ordini di grandezza. Il genoma umano, due copie del quale sono contenute all'interno del nucleo di ogni cellula, è lungo 3.000 megabasi (Mb). Fatte le debite proporzioni, equipariamolo alla Terra che ha una circonferenza di 40.000 km. Cercando in Internet troviamo che il gene *p53* umano è identificato nella banca dati OMIM (*Online Mendelian Inheritance in Man*) con il numero 191170 o con il numero 7157 nel database LocusLink[2]. Queste sono due

---

[2] http://www.ncbi.nlm.nih.gov/htbin/Omim/dispmin?191170 e
http://www.ncbi.nlm.nih.gov/LocusLink/LocRpt.cgi?1=7157.

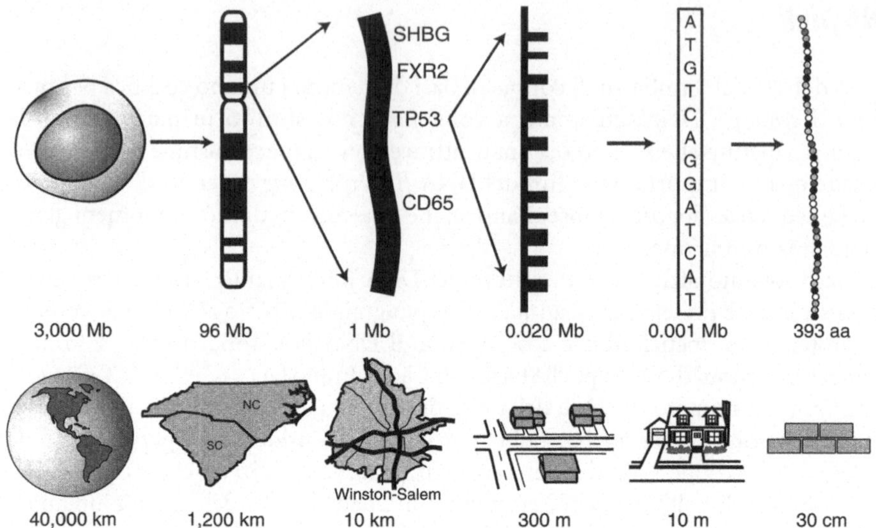

Fig. 1.7. Il confronto tra mappe del genoma umano e carte geografiche consente di apprezzare i rapporti tra gli ordini di grandezza tipici delle varie strutture genomiche

delle numerose risorse disponibili in Internet per la mappa del genoma umano. La Tabella 1.4 elenca molti dei principali database genici disponibili in Internet. Quando citerò un gene, darò spesso un numero di riferimento ufficiale relativo a uno dei database disponibili. È utile visitare queste pagine Web per ricavare le informazioni relative a *p53* e per usare i numerosi *links* che daranno accesso a ulteriori informazioni. Bisogna tenere presente che, in realtà, il genoma umano ha una sua "vita" esclusivamente su Internet: tutte le fonti cartacee sono fac-simili datati della migliore versione mantenuta in Internet, che è, invece, in continuo aggiornamento.

Il gene *p53* è localizzato in una regione del braccio corto del cromosoma 17 (17p13.1). Questo cromosoma contiene 96 Mb del genoma umano, che equival-

Tabella 1.4. Database genetici in Internet

Indirizzi Web (www)	Siti
celera.com	Sito della Celera Genomics
ensembl.org/genome/central	Sito del consorzio "International Human Genome Sequencing"
ncbi.nlm.nih.gov/genome/guide/human	Database "GenBank" del National Center for Biotechnology
ncbi.nlm.nih.gov/htbin/Omim	Database "On-line Mendelian Inheritance in Man" (OMIM)
ncbi.nlm.nih.gov/LocusLink	Database "LocusLink"
nhgri.nih.gov/educationkit	Sito didattico del National Human Genome Research Institute
ornl.gov/hgmis	Pagina "genome resource" del Department of Energy

gono a 1.200 km sulla nostra carta geografica, un'estensione sufficiente a mostrare tutti e due gli stati della Carolina. Più precisamente, *p53* è localizzato a 9.1 Mb dall'estremità del braccio corto del cromosoma 17 e, come mostrato nella figura, si trova in una regione di 1 Mb che contiene, oltre a *p53* (indicato come *TP53*), vari altri geni quali *SHBG* (*Sex Hormone Binding Globulin*, globulina legante gli ormoni sessuali), *FXR2* (*Fragile X mental Retardation*, ritardo mentale da cromosoma X fragile) e *CD68* (antigene CD 68). Questa regione di 1 Mb equivale, sulla nostra carta geografica, a 10 km, una distanza sufficiente a mostrare il centro di Winston-Salem, la città della Carolina del Nord in cui vivo.

Nelle mappe genomiche, le distanze fisiche vengono indicate in paia di basi (bp) di distanza rispetto a uno specifico punto di riferimento. A volte, come in questo caso, viene utilizzata l'estremità di un cromosoma. Altri punti di riferimento sono i marcatori, come per esempio il marcatore D17S1678 vicino al quale è collocato *p53*. Oltre a misurare le distanze in paia di basi, a volte è utile adottare il centimorgan (cM), l'unità di misura delle distanze genetiche. Queste, come vedremo poco più avanti, sono una misura della distanza tra i geni stabilita sulla base della probabilità che essi si separino alla meiosi, quando vengono prodotti la cellula uovo o lo spermatozoo. Questa distanza risulta molto importante per i genetisti nella descrizione dei caratteri ereditari. La frequenza della ricombinazione alla meiosi è circa il doppio nella formazione della cellula uovo rispetto a quella osservata nella formazione dello spermatozoo. Quindi *p53* dista 9.8 centimorgan dall'estremità del braccio corto del cromosoma 17 se si analizza la meiosi maschile, 18.1 centimorgan se si analizza quella femminile!

Il gene *p53* è lungo 20.303 bp e contiene 11 esoni. Una mappa genomica con tale risoluzione equivale a 300 m sulla nostra carta geografica, abbastanza per mostrare alcune case. Quando il gene *p53* viene trascritto in mRNA, viene prodotta una sequenza di 1.179 nucleotidi, che viene tradotta in 393 aa. Le dimensioni dell'mRNA equivalgono a 10 m sulla nostra carta e con l'ultimo passaggio, quello che specifica la sequenza aminoacidica della proteina *p53*, si scende fino a un livello di risoluzione pari a 30 cm, cioè le dimensioni di un mattone.

Costruire una mappa del genoma umano con una risoluzione che arrivi fino al livello della sequenza nucleotidica del gene *p53* equivale a disegnare una carta del nostro pianeta in grado di mostrare la localizzazione di ogni mattone in ogni edificio presente sul pianeta! Le conoscenze relative al genoma umano sono più dettagliate di quelle relative alla superficie del nostro pianeta.

Conoscere la sequenza nucleotidica del genoma umano non è l'obiettivo finale: il nostro auspicio è quello di comprendere il genoma dal punto di vista funzionale. Il gene *p53* agisce in modo molto complesso, interagendo con altri geni, e il suo ruolo è quello di rallentare o bloccare la proliferazione delle cellule che presentino danni nel proprio DNA. Sia pur di rado, nascono individui con un difetto nel gene *p53*: l'acquisizione per via ereditaria di una mutazione in una delle due copie del gene *p53* causa una patologia denominata sindrome di Li-Fraumeni e provoca la precoce insorgenza di numerosi tumori maligni. La maggior parte delle neoplasie, tuttavia, è associata a una mutazione del gene *p53* non acquisita per via ereditaria e presente esclusivamente nelle cellule tumorali. Si possono osservare centinaia di mutazioni differenti, ma esse risultano raggruppate in quattro "punti caldi" (*hot spots*) che codificano per porzioni della proteina p53 cruciali per la sua funzione. Le cellule tumorali con mutazioni nel gene *p53* possono essere bersaglio di specifiche terapie molecolari quali anticorpi od oligonucleotidi antisenso (come vedremo nel Capitolo 7). Il genoma umano è molto di più di un catalogo o di una mappa: esso, infatti, racchiude conoscenze che consentono soluzioni diagnostiche e terapeutiche totalmente nuove.

Organizzazione fisica del genoma

L'immagine del genoma che ho fornito finora è di tipo funzionale. La Figura 1.4 è una rappresentazione schematica di alcuni degli elementi operativi di un gene e persino la Figura 1.5, che mostra la sequenza nucleotidica di un esone, non è affatto una rappresentazione fisica. Se guardassimo un frammento di DNA, questi elementi funzionali non sarebbero distinguibili.

L'organizzazione fisica del genoma, sebbene molto diversa dalla sua anatomia funzionale, è anch'essa molto importante. Il nucleo di una cellula ha un diametro di soli 2 milionesimi di metro (2 micron) e, tuttavia, deve contenere 2 metri di DNA, una bella quantità di filo da impacchettare in una sfera! In un modello in scala in cui il nucleo cellulare avesse le dimensioni di un pallone da pallacanestro, il DNA avrebbe lo spessore del filo di una ragnatela (0.2 mm) e una lunghezza totale di 200 km. L'impacchettamento di una ragnatela di 200 km in un pallone da pallacanestro è difficile da immaginare, ma il problema è ancora più complesso se consideriamo che ognuno delle decine di migliaia di geni scaglionati lungo quel filamento deve poter essere localizzato nel giro di frazioni di secondo (il tempo che impiega la cellula per attivare un gene). Inoltre, quando la cellula si divide, tutti i 200 km devono anche essere svolti poiché è necessario produrne due copie, ognuna delle quali verrà acquisita da una delle cellule figlie.

L'organizzazione fisica del DNA è realizzata attraverso una gerarchia progressiva di strutture di impacchettamento, come illustrato nella Figura 1.8. La molecola lineare di DNA a doppia elica si avvolge per due giri intorno a piccole proteine globulari, denominate istoni, formando i cosiddetti nucleosomi che a loro volta si raggruppano in una struttura secondaria avvolta a elica. Poi, la struttura secondaria è impacchettata in anse che, durante la fase della mitosi, si compattano in una struttura che costituisce i bracci del cromosoma visibile. In ogni cellula somatica umana sono presenti 46 cromosomi, ovvero le coppie di cromosomi da 1 a 22 più i cromosomi sessuali XX nella femmina e XY nel maschio. In ogni coppia, un cromosoma deriva dalla madre e uno dal padre.

L'immagine di una porzione anche piccolissima di DNA apparirebbe come un'incredibile trama di tappezzeria costituita da una lunga, sottile molecola

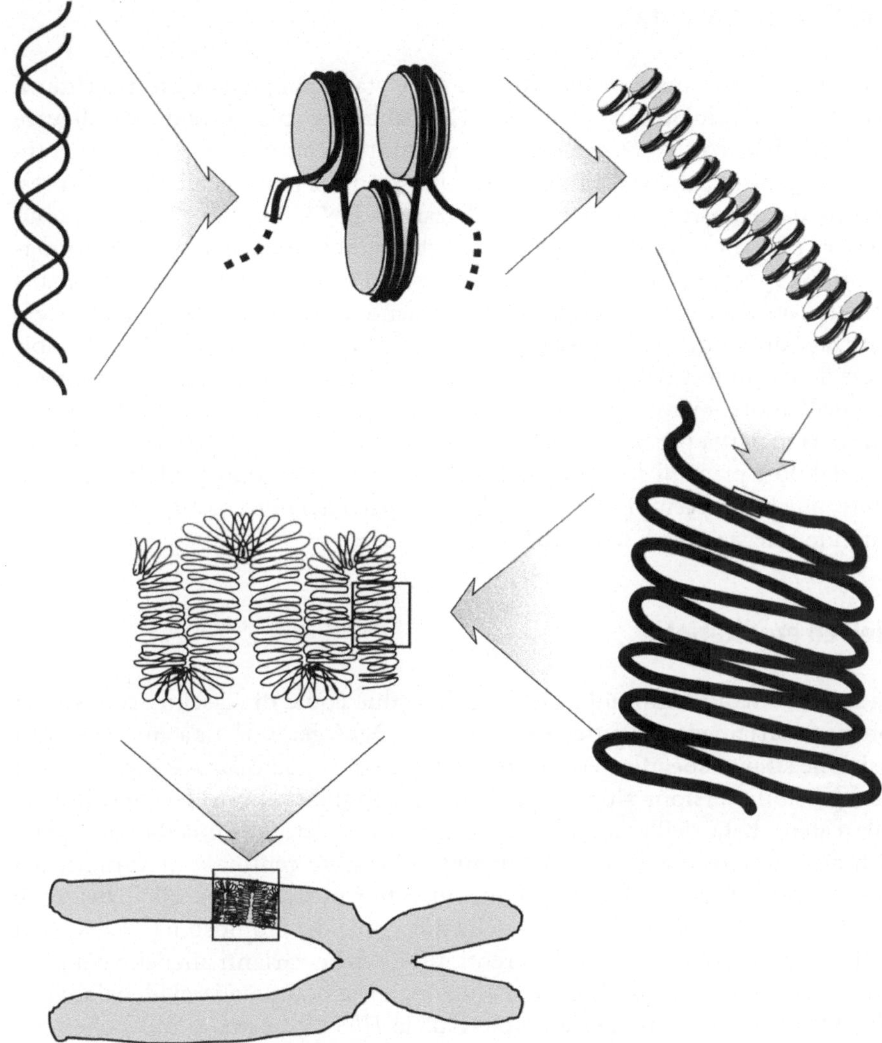

Fig. 1.8. L'organizzazione fisica del genoma comporta molteplici livelli di impaccamento del DNA fino al livello finale del cromosoma metafasico

avvolta intorno agli istoni, come un filo da cucito intorno al rocchetto. Quindi esiste effettivamente un'incredibile gerarchia di strutture fisiche nel DNA, con almeno quattro livelli di struttura di crescente complessità. Non comprendiamo affatto come una piccola porzione del genoma possa essere così rapidamente accessibile: come può un singolo frammento di DNA essere localizzato, aperto, letto e richiuso?

Genetica fondamentale

La genetica è una materia molto vasta ed è stata completamente riscritta in seguito alla rivoluzione molecolare. Non abbiamo più bisogno di allevare moscerini della frutta (*Drosophila*) in laboratorio: gli innumerevoli incroci tra singoli organismi, che venivano eseguiti per studiare i loro geni, sono stati resi obsoleti dalla nostra capacità di analizzare il DNA direttamente. In questo modo è stato rimosso il grande ostacolo che si incontrava nella genetica umana. Infatti, mentre in passato era possibile solo osservare i pedigree di alcune famiglie con anomalie fenotipiche, attualmente il genoma umano può essere analizzato direttamente. Per esempio, come vedremo nel Capitolo 5, è possibile, mediante un test di laboratorio, stabilire se un paziente è eterozigote per il gene dell'emocromatosi: non è più necessario chiedergli se suo zio Harry presentava la malattia per determinare la probabilità che egli sia portatore. In questo capitolo i principi fondamentali della genetica vengono trattati sinteticamente, poiché gli esempi riportati nelle altre parti del libro costituiranno un'esauriente spiegazione di tali principi.

Alleli ed ereditarietà

Il genoma umano è diploide, cioè contiene due copie di ciascun cromosoma non necessariamente identiche tra di loro. Ogni gene occupa una specifica posizione su uno specifico cromosoma, il *locus*. A un dato *locus* è presente una delle possibili versioni alternative di un gene (allele). Consideriamo il gene della catena beta dell'emoglobina, localizzato sul cromosoma 11, del quale esistono numerosi alleli. Effettivamente, sono note centinaia di varianti dei normali geni dell'emoglobina. Ogni individuo possiede due alleli del gene della catena beta, uno su ciascuna delle due copie del cromosoma 11, e questi alleli possono essere uguali o differenti. Molte delle varianti alleliche del gene della catena beta non producono alcuna malattia o anomalia evidenziabile, a differenza di altre, come per esempio l'allele *HbS* (*S* da *sickle*, falce) che provoca un'anomalia morfologica dei globuli rossi evidenziabile in laboratorio (assunzione della forma a falce) quando presente in singola copia e una patologia quando presente in duplice copia. L'allele *HbS* è **recessivo**. Ciò significa che, se è presente una sola copia del gene anomalo, la patologia non si manifesta poiché l'altro allele del gene della globina beta è in grado di assicurare la produzione di una sufficiente quantità di proteina funzionale. Se un unico allele presente è sufficiente per provocare un'anomalia, l'allele viene definito **dominante**. L'allele *HbS* differisce dal normale allele *HbA* per una sola base: nella posizione 20, che fa parte del codone numero 6, una A è sostituita da una T. Come mostrato nella Figura 1.9, l'allele *HbC*, codificante per una variante dell'emoglobina che cristallizza invece di provocare la forma a falce nei globuli rossi, presenta la sostituzione di una G con una A a livello della

Codone		5	6	7
Base			20	
Emoglobina	A	CCT	GAG	GAG
		Pro	Glu	Glu
Emoglobina	S	CCT	G**T**G	GAG
		Pro	Val	Glu
Emoglobina	C	CCT	**A**AG	GAG
		Pro	Lys	Glu

Fig. 1.9. Sequenza nucleotidica parziale del gene codificante per la catena beta dell'emoglobina: sono mostrati l'allele normale A e gli alleli mutanti S e C. Entrambe queste emoglobine anormali sono il risultato della sostituzione di una singola base

posizione 19. Abbiamo già visto nella Figura 1.6 che esistono due frequenti alleli del gene della proinsulina *INS* che presentano quattro sostituzioni di una singola base.

Caratteri poligenici

Iniziare con il semplice e procedere verso il più complesso è generalmente un buon metodo di apprendimento. La genetica mendeliana (un gene – un carattere) è semplice ma fuorviante, in quanto ben pochi caratteri sono così semplici. Per molto tempo nella genetica umana sono stati studiati soltanto i caratteri semplici: in effetti, nei vecchi testi che trattano le patologie genetiche tutti gli esempi riguardano questo tipo di caratteri. La realtà è che la maggior parte dei caratteri fenotipici dipende da complesse interazioni tra numerosi geni. Il diabete e l'aterosclerosi sono esempi di caratteri poligenici e verranno discussi in dettaglio nel Capitolo 5. Il sistema immunitario è ancora più complesso: il suo comportamento dipende dall'interazione di molti geni e dagli eventi che si verificano successivamente nell'organismo. Tratteremo questo argomento nel Capitolo 6.

Lo studio della genetica ha raggiunto un livello di raffinatezza molto lontano dall'impostazione mendeliana. Vedremo come i termini *recessivo* e *dominante* si applichino soltanto ad alcune situazioni. Per i caratteri poligenici e le patologie umane dobbiamo aspettarci affermazioni come la seguente: "L'omozigosi per l'allele *E4* del gene della lipoproteina apoE è associata ad un incremento del rischio di morbo di Alzheimer e di insorgenza precoce dell'aterosclerosi". Il genotipo *E4/E4* non provoca nessuna di queste due patologie e la sua acquisizione per via ereditaria non significa che un individuo sarà necessariamente affetto da tali problemi. *E4/E4* sposta un po' l'equilibrio nella complessa biologia del metabolismo dei lipidi in direzione dell'aterosclerosi. I geni sono "i mattoni da costruzione" dell'organismo, ma le complesse strutture che ne risultano dipendono da molti altri fattori oltre che dall'identità dei singoli mattoni.

Il Progetto Genoma Umano

Il Progetto Genoma Umano, un progetto che si proponeva di mettere le risorse della "grande scienza" a disposizione dell'impresa costituita dal sequenziamento del DNA umano, ha avuto inizio nel 1990 ed è stato portato a termine nel Febbraio 2001. La conclusione, che è in realtà solo un nuovo inizio, è consistita nella pubblicazione della prima stesura della sequenza del genoma umano sulle due più importanti riviste scientifiche: *Nature* (15 Febbraio 2001) e *Science* (16 Febbraio). La sequenza pubblicata su *Nature* era quella prodotta dal consorzio pubblico Progetto Genoma Umano finanziato da enti governativi. *Science* ha pubblicato la sequenza ottenuta dalla concorrente iniziativa di un'azienda privata, la *Celera Genomics*, che ha utilizzato un differente metodo per il sequenziamento. Alla fine, i due soggetti hanno cooperato in buona misura e hanno prodotto risultati molto simili. Il modo migliore per accedere alla sequenza del genoma umano è attraverso Internet (Tabella 1.4).

Passiamo in rassegna alcuni dei più importanti aspetti di valore generale che sono derivati dal sequenziamento del genoma umano. Il primo deriva dalla domanda: *Di chi è il genoma che è stato sequenziato?* Come fonte è stato utilizzato un pool di DNA provenienti da un piccolo numero di individui. Quindi la sequenza ottenuta è, in realtà, una specie di "media" derivata da questo gruppetto di donatori. Ognuno di noi presenterà delle differenze rispetto alla sequenza pubblicata a causa della nostra unicità. Per cominciare, ogni individuo presenta una variazione di 1 base ogni 1.000 bp circa. Nel genoma esistono circa 2.5 milioni di **polimorfismi di un singolo nucleotide** (SNPs, *Single Nucleotide Polymorphisms*), cioè di differenze di una singola base che caratterizzano le variazioni individuali nel DNA.

Quanti sono i geni? Il numero definitivo non è ancora noto, ma, probabilmente, non si discosterà molto da quello riportato nella Tabella 1.1 dove viene indicato un totale pari a 35.000. Questo numero può apparire sorprendentemente basso, dato che solo pochi anni fa si stimava che i geni umani fossero circa 100.000, ma i geni umani si stanno dimostrando più versatili di quanto non si immaginasse. Lo *splicing* alternativo degli esoni, infatti, consente a un singolo gene di codificare per più di una proteina: una media di tre proteine per gene è probabilmente più verosimile.

In che modo utilizzeremo le informazioni relative al genoma umano? I prossimi passi consisteranno nel comprendere ciò che è racchiuso nella "biblioteca" del genoma. A tale proposito, le parole d'ordine sono **genomica funzionale** e **proteomica**. Avere a disposizione il database del genoma umano significa rendere più rapidi tutti i tipi di ricerca. Infatti, ogni volta che troviamo un fattore di crescita, una molecola segnale o un trasduttore del segnale, possiamo consultare questo database e individuare il gene che lo codifica. Analogamente, possiamo cercare sequenze che codifichino per proteine con le caratteristiche di un neuropeptide o di un recettore transmembranario. Quando troviamo una sequenza che ci sembra promettente perché somiglia a geni che già conosciamo, di fatto abbiamo individuato un nuovo gene e, quindi, una nuova proteina. Il genoma umano è una miniera pronta per essere sfruttata, che contiene un tesoro di informazioni in grado di portarci allo sviluppo di nuovi farmaci, nuove tecniche diagnostiche e nuove conoscenze mediche. In altre parole, la prossima fase consisterà nell'imparare a utilizzare la biblioteca che con tanto successo abbiamo "copiato" dal nostro DNA.

Corollario: cosa non è codificato nel genoma

È utile, e a volte anche rassicurante, considerare le molte caratteristiche dell'individuo che non sono codificate dal genoma. Sembra paradossale, ma in questa categoria sono comprese le impronte digitali: i gemelli identici posseggono DNA identici, ma non hanno impronte digitali identiche. Le impronte digitali non sono geneticamente determinate, ma sono il prodotto di un processo di sviluppo. Il sistema immunitario è molto di più che il semplice risultato di un programma genetico: il suo sviluppo inizia con proteine codificate da geni, ma si conclude in qualcosa di più grande, non specificato dai geni. Infatti, è attraverso la risposta a casuali esposizioni a vari antigeni che il sistema diventa unico per ogni individuo. Dopo un trapianto di midollo osseo, il sistema immunitario si ricostituisce e, con una nuova storia di esposizioni ad antigeni, diventa un sistema differente sia da quello del donatore che da quello dell'ospite.

Neanche il cervello può essere considerato il risultato di un programma genetico. Le proteine e il progetto fondamentale sono codificati nel DNA, ma i neuroni del cervello presentano un numero di interconnessioni enormemente più alto di quello che si avrebbe anche se i 3 miliardi di paia di basi del genoma fossero unicamente riservati a tale scopo. Le interconnessioni, e quindi la funzione del cervello, si sviluppano, in primo luogo, attraverso un'auto-organizzazione e, in secondo luogo, attraverso l'esperienza. L'auto-organizzazione del sistema nervoso centrale precoce è qualcosa di meraviglioso che trascende la nostra attuale comprensione. Se una dozzina di precursori di cellule nervose vengono posti in una piastra da coltura, essi cominciano a formare delle interconnessioni che si rimodellano continuamente e attraverso le quali avvengono scambi di impulsi elettrici. Dopo alcuni giorni, le cellule nervose avranno formato una rete: in pratica, le connessioni sono finalizzate. L'intero cervello sembra costruirsi in modo simile mediante organizzazione auto-diretta.

Il cervello, dopo essersi sviluppato, inizia ad apprendere, acquisendo quella che definiamo conoscenza attraverso l'esperienza, l'istruzione e il pensiero cosciente. Tale conoscenza non percorre la strada a ritroso fino ai geni, come alcuni biologi del passato ritenevano. Noi non ereditiamo conoscenze o comportamenti acquisiti. Gli esseri umani e alcuni animali possono trasmettere alla progenie le proprie conoscenze, ma ciò avviene mediante l'insegnamento, non mediante i geni.

Ebbene, quanto detto potrebbe, in futuro, non essere più del tutto vero! Se "scriviamo" nel genoma degli esseri umani e degli animali, come stiamo per fare grazie all'ingegneria genetica, allora il genoma diventa in effetti il prodotto della conoscenza acquisita. Un clone umano **transgenico** pone il terribile problema di che cosa sia una persona. L'uomo è molto di più del suo DNA, poiché questo non è di per sé dotato di vita né è in grado di determinare tutto ciò che noi siamo.

Riepilogo

Questo capitolo ha illustrato la struttura fondamentale del genoma umano e lo ha paragonato a un binario di 1.700.000 km o a un filo di ragnatela di 200 km inserito in un pallone da pallacanestro. L'enorme quantità di informazioni contenuta nel genoma umano è stata paragonata a quella inclusa in una biblioteca o nelle carte geografiche. Dobbiamo fare uno sforzo per apprezzare appieno l'ordine di grandezza del genoma. Aumentando il livello di risoluzione, abbiamo preso in considerazione l'anatomia di alcuni geni, *BRCA1*, *C-MYC* e *INS*, tutti geni che ricompariranno più avanti nel libro come esempi di interesse clinico. I principi fondamentali della genetica sono stati modificati dalle nostre conoscenze molecolari: la trasmissione ereditaria non è così semplice come Mendel aveva proposto. Un gene può codificare per molte proteine e molti geni possono essere coinvolti in patologie complesse come il diabete e l'aterosclerosi. Il Progetto Genoma Umano è stato completato: ne è derivata un'enorme quantità di informazioni che la parte restante di questo libro esplorerà.

Bibliografia

Alberts B, Johnson A, Lewis J *et al* (2004) *Biologia molecolare della cellula*, 4ª ed. Bologna, Zanichelli
The human genome issue (2001) *Nature* 409:813-958
The human genome issue (2001) *Science* 291:1177-1351
Meldrum DR (2001) Sequencing genomes and beyond. *Science* 292:515-517
Ridley M (1999) *Genome: Autobiography of a Species in 23 Chapters*. New York, Harper Collins

CAPITOLO 2

Espressione e regolazione genica

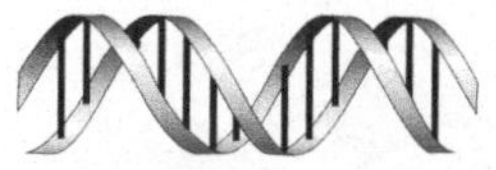

Introduzione

La caratteristica peculiare del DNA è la sua duplicazione al momento della divisione cellulare: una copia viene acquisita da ciascuna cellula figlia. L'informazione genetica che fa di noi ciò che siamo viene in tal modo trasmessa fedelmente a ogni nuova cellula. Il processo di replicazione del DNA è accoppiato a sistemi di riparazione che correggono gli errori commessi durante la copiatura o che, in alternativa, assicurano che la copia venga distrutta. Il processo globale di divisione cellulare, che comporta la suddivisione dei cromosomi duplicati nelle due cellule figlie, è denominato mitosi. La meiosi è una forma molto particolare di divisione cellulare utilizzata per produrre le cellule germinali aploidi. La regolazione dell'espressione genica dimostra che il DNA non si limita a contenere l'informazione, ma contiene anche elementi regolatori che controllano il flusso dell'informazione stessa. Le mutazioni sono "errori" nel DNA: alcune di esse sono deleterie, mentre molte altre costituiscono l'origine della nostra capacità di evolvere in un ambiente che si modifica.

Replicazione del DNA

La replicazione del DNA inizia con la separazione dei filamenti della doppia elica. *In vitro*, questo processo può essere provocato riscaldando il DNA a 90°C, ovvero per ottenere artificialmente la separazione dei filamenti della doppia elica (denaturazione del DNA) è necessario fornire un'opportuna quantità di energia termica e pertanto il processo è anche denominato *melting* (fusione mediante riscaldamento). All'interno della cellula, la separazione dei filamenti di DNA ha inizio a livello di numerosi punti sparsi in tutto il genoma ed è catalizzata da alcuni enzimi che consentono al DNA di giungere a denaturazione a soli 37°C. Ogni punto in corrispondenza del quale si verifica la separazione dei filamenti costituisce l'avvio della formazione di una struttura denominata replicone. Vari enzimi sono coinvolti nell'innesco e nel controllo di questo processo: un enzima, denominato DNA elicasi, controlla lo svolgimento della doppia elica e un altro, la DNA polimerasi, catalizza la sintesi di nuovi filamenti di DNA utilizzando come stampi i filamenti originali

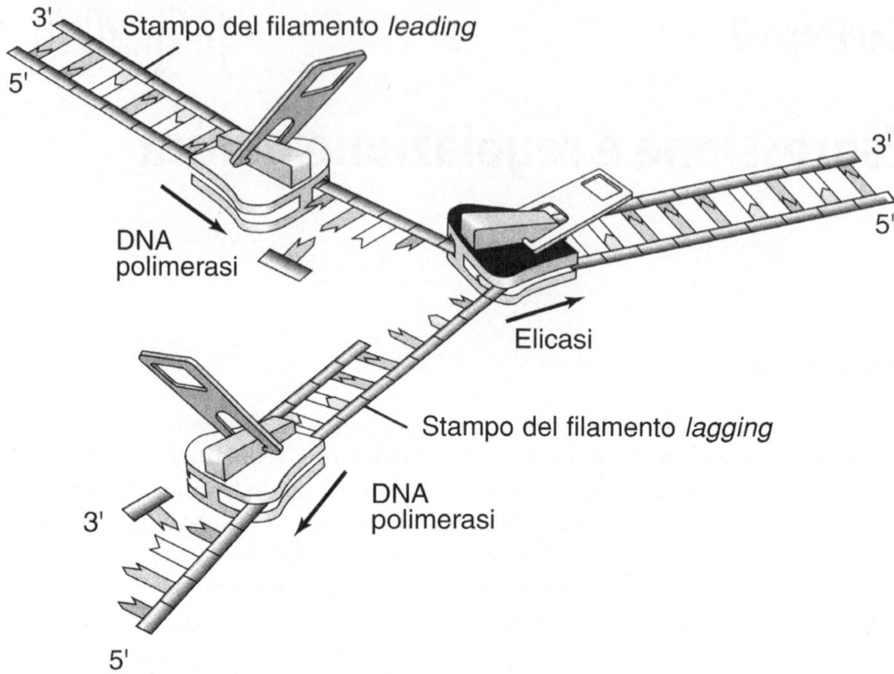

Fig. 2.1. Il processo della replicazione del DNA svolge la doppia elica e utilizza ciascuno dei due filamenti come stampo per produrre una nuova copia

srotolati. La Figura 2.1 illustra il processo attraverso l'immagine di un singolo replicone. Con il procedere della replicazione del DNA in entrambe le direzioni, i nuovi filamenti sintetizzati riproducono due molecole a doppia elica associandosi ognuno con uno dei filamenti stampo originali. Questo tipo di replicazione è denominato replicazione semiconservativa: ogni copia del DNA conterrà un filamento originale della molecola parentale e un filamento nuovo, avvolti l'uno all'altro a formare una doppia elica uguale a quella parentale.

Mitosi e meiosi

Ogni cellula, quando si divide, deve trasmettere una copia esatta del proprio genoma a ciascuna cellula figlia. La maggior parte delle cellule si trova in uno stato quiescente denominato G0. Opportuni segnali possono comunicare alla cellula che la sua vita utile si è conclusa e allora la cellula va incontro al processo di morte cellulare programmata, denominato **apoptosi**. Segnali di diversa natura possono indurre la cellula a uscire dalla fase G0, ovvero a entrare nel ciclo di divisione cellulare. Una cellula che si prepara per la replicazione entra nel ciclo cellulare in un punto chiamato G1 (Fig. 2.2). Un primo passo consiste nella verifica dell'integrità del DNA mediante vari

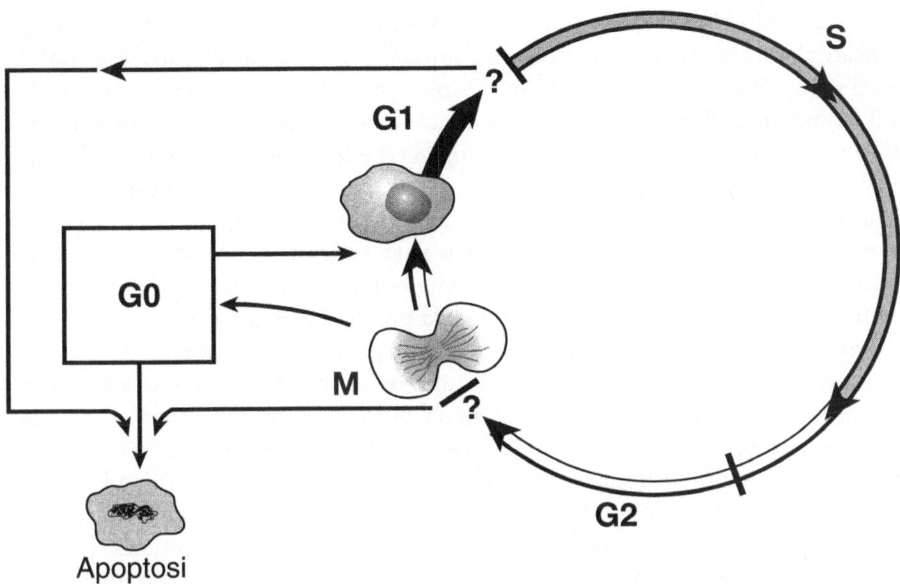

Fig. 2.2. Il ciclo di divisione cellulare è definito dai principali eventi che controllano la proliferazione. Le cellule in attiva divisione passano dalla fase G1 alla sintesi del DNA (S), alla fase G2 e quindi alla mitosi (M). A livello di vari *checkpoints*, indicati con ?, il processo viene controllato e, qualora vengano rilevati danni, la cellula può andare incontro ad apoptosi. G0 è una riserva di cellule quiescenti, che non si dividono

meccanismi di riparazione, come vedremo più avanti in questo capitolo. Se la cellula supera il controllo, tutto il suo DNA viene duplicato in un intervallo di tempo lungo circa 12 ore denominato fase S; alla fine di questa fase la cellula contiene una quantità doppia di DNA racchiusa in 92 elementi, a due a due identici, denominati **cromatidi**. Dopo una breve pausa (G2), la cellula inizia la mitosi e a questo punto i cromosomi, ognuno dei quali è ora costituito da due cromatidi identici, si condensano assumendo una configurazione molto più compatta che li rende visibili al microscopio ottico come strutture distinte. Nella fase intermedia della mitosi i cromosomi si allineano al centro della cellula e, quando questa inizia a dividersi, i due cromatidi di ciascun cromosoma si separano (diventando così due cromosomi autonomi) e ognuno di essi migra in una delle due cellule figlie in via di formazione. Il risultato finale è costituito da due cellule figlie dotate dello stesso identico genoma contenente una copia di origine paterna e una di origine materna di ciascun cromosoma.

La meiosi è un processo più complesso che si verifica soltanto nella formazione delle **cellule germinali**, la cellula uovo e lo spermatozoo. Le cellule germinali sono aploidi, cioè possiedono soltanto una copia di ciascun cromosoma. Alla fecondazione, quando uovo e spermatozoo si fondono, si ripristina il normale genoma diploide. Per produrre cellule germinali aploidi, la cellula madre, dopo aver duplicato il proprio DNA, deve subire due divisioni cellulari consecutive. Alla prima divisione, tutti i 46 cromosomi, ognuno costituito dai due cromatidi identici, sono allineati al centro della cellula, con gli omologhi di ciascun cromosoma molto vicini l'uno all'altro (appaiamento degli omologhi). In questo momento si verifica il fenomeno della ricombinazione genetica: i cromatidi dei cromosomi omologhi si incrociano l'uno con l'altro (*crossing over*) e le estremità vengono scambiate. Si immagini un gruppo di quattro spaghetti che vengono cotti l'uno a fianco all'altro: quando si sovrappongono tra di loro, incrociandosi, si verifica una rottura nel punto di incrocio e questo fa sì che le parti vengano scambiate e successivamente risaldate. La ricombinazione consente la formazione di nuovi cromosomi costituiti da segmenti paterni e materni della precedente generazione.

I cromosomi più lunghi hanno una maggiore probabilità di subire *crossing over*. Un modo per esprimere la lunghezza di un cromosoma è la distanza calcolata in base alla probabilità di *crossing over*. Questa distanza è una stima statistica della probabilità che gli alleli a due *loci* sullo stesso cromosoma si separino nelle generazioni future. L'unità di distanza genetica è il centimorgan che corrisponde a una probabilità di *crossing over* pari a 1 su 100 e che è approssimativamente equivalente a una distanza fisica di 1 megabase. Come accennato nel Capitolo 1, nelle donne la ricombinazione si verifica con una frequenza doppia rispetto agli uomini. Lungo i cromosomi esistono anche i cosiddetti *hot spots* (punti caldi) in corrispondenza dei quali il *crossing over* si verifica molto più frequentemente. Di conseguenza, le distanze misurate in centimorgan non sono esattamente lineari. La ricombinazione mediante *crossing over* è un fenomeno molto importante in quanto genera variabilità genetica. A causa del *crossing over*, infatti, i cromosomi presenti nelle cellule germinali non sono la copia fedele né del cromosoma di origine paterna, né di quello di origine materna. In altre parole, gli alleli dei geni presenti su uno stesso cromosoma vengono riassortiti a ogni generazione e soltanto quelli dei geni che si trovano vicini tra di loro tendono a rimanere nella combinazione parentale.

Riparazione del DNA

Quando, durante la fase S del ciclo cellulare, una cellula duplica il proprio DNA viene commesso un certo numero di errori. È stato stimato che circa 600.000 dei 6 miliardi di coppie di basi (pari allo 0.01%) vengano copiate in modo errato durante la sintesi del DNA. Il meccanismo di sintesi del DNA è molto efficiente, ma non perfetto; fortunatamente, tuttavia, la maggior parte degli errori commessi viene corretta. Se gli errori non possono essere corretti, la cellula molto probabilmente verrà distrutta a livello del successivo *checkpoint* (posto di controllo). Nel nucleo cellulare operano vari sistemi di riparazione del DNA che riducono la frequenza degli errori dal valore di 10^{-4}, osservabile subito dopo la replicazione del DNA, a un valore pari a circa 10^{-9} prima che la divisione cellulare sia stata completata. Questo significa che sui 6 miliardi di coppie di basi soltanto un errore sfuggirà alla correzione! I sistemi di riparazione non correggono soltanto gli errori di replicazione, ma anche altri danni al DNA che si verificano nelle cellule quiescenti.

Mutazioni

Se un danno subito dal DNA non viene riparato e produce un cambiamento nel genoma, allora è possibile che questo costituisca una mutazione. Non tutte le alterazioni nella sequenza del DNA provocano un'anomalia e, in effetti, la maggior parte di esse non ha alcuna conseguenza. Se si verifica una modificazione nel DNA che si trova tra due geni o all'interno di un introne, generalmente non si ha alcun effetto. Una tale modificazione è chiamata polimorfismo. Per stabilire se un dato cambiamento è una mutazione, è indispensabile stabilire se esso provoca un'anomalia o soltanto una differenza, ma tale distinzione non è sempre facile. Alcuni usano il termine *mutazione* soltanto per indicare una modificazione deleteria in un gene e definiscono tutte le altre modificazioni come polimorfismi. Sulla base di questo criterio, i due alleli del gene *INS*, alfa e beta, sono polimorfismi dal momento che la presenza dell'uno o dell'altro non comporta alcuna evidente conseguenza.

Come è stato già detto (Tabella 1.1), nel genoma umano esistono circa 2.5 milioni di polimorfismi di un singolo nucleotide (SNP): queste sono differenze, non mutazioni. Un altro esempio che mette alla prova la definizione di mutazione è la calvizie, un fenotipo che mi riguarda personalmente. Si tratta di un'accettabile variazione rispetto al fenotipo normale oppure di un'anomalia? Qualunque sia la vostra risposta, devo dirvi che quasi tutti i genetisti risponderebbero che sono portatore della mutazione che determina la calvizie maschile.

Un'altra importante distinzione che dobbiamo operare è tra mutazioni germinali (cioè quelle acquisite per via ereditaria, in quanto presenti in una o in entrambe le cellule germinali che hanno dato origine all'individuo) e mutazioni somatiche (cioè quelle che si verificano nelle **cellule somatiche**). La genetica classica si occupa soprattutto dei caratteri ereditari dovuti a geni presenti nella **linea germinale**. Le mutazioni somatiche insorgono in una singola cellula come risultato di un errore nella replicazione o nella riparazione del DNA. La maggior parte delle neoplasie è dovuta a mutazioni somatiche conseguenti a un danno al DNA.

Mutazioni puntiformi

Esistono molti tipi di mutazioni, alcuni dei quali sono riportati nella Tabella 2.1. L'anemia falciforme è dovuta a una mutazione puntiforme nel gene codificante per la

Tabella 2.1. Tipi di mutazioni

Tipo	Esempio
Mutazione puntiforme	T al posto di A nella posizione 20 del gene *Hb* (anemia falciforme)
Mutazione *frameshift*	del185AG nel gene *BRCA1* (predisposizione al carcinoma mammario)
Traslocazione cromosomica	t(9;22): cromosoma "Filadelfia" (leucemia mieloide cronica)

catena beta dell'emoglobina. Questa mutazione consiste nella sostituzione di una A con una T in posizione 20, cioè nel sesto codone del gene, e provoca la sostituzione di un acido glutammico con una valina (vedere Figura 1.9). L'allele *HbS* è considerato un allele mutante in quanto causa una patologia tanto grave da essere potenzialmente letale. Tale patologia si manifesta, tuttavia, soltanto quando entrambe le copie del gene presentano questa mutazione: *HbS* è un allele recessivo. Quando è mutata una sola copia del gene si manifesta il cosiddetto "tratto falcemico", una condizione considerata non patologica ma addirittura protettiva nei confronti della malaria.

Mutazioni *frameshift*

BRCA1 è definito come il gene della predisposizione al carcinoma mammario e appartiene a una classe di geni noti come geni oncosoppressori. Molti di questi geni svolgono un ruolo nella riparazione del DNA in seguito a danni o a errori nella replicazione che, se non corretti, provocano lo sviluppo di tumori. Come vedremo nel Capitolo 7, la maggior parte dei tumori non si diffonde finchè non sfugge all'attiva sorveglianza svolta dai geni oncosoppressori. Nella maggior parte dei casi le mutazioni nei geni oncosoppressori sono mutazioni somatiche presenti soltanto nel tessuto tumorale; in rari casi mutazioni in questi geni sono acquisite per via ereditaria. È noto che *BRCA1* può presentare centinaia di mutazioni differenti ed è il principale responsabile del rischio ereditario di carcinoma mammario. Qualsiasi mutazione che abolisca la funzione della proteina codificata da *BRCA1* aumenta il rischio di carcinoma mammario e ovarico nella mezza età. Una delle più frequenti mutazioni in *BRCA1* è 185delAG, una mutazione *frameshift*. In 185delAG le basi A e G nelle posizioni 185 e 186 sono delete. Ricordando quanto detto nel Capitolo 1 a proposito degli *open reading frames*, è facile immaginare quali siano le conseguenze di questa mutazione. A partire dalla posizione 185, tutta la restante parte del messaggio viene letta fuori fase, cioè si perde il corretto *reading frame* del gene normale, e questo, come illustrato nella Figura 2.3, porta a una radicale modificazione della struttura della proteina sintetizzata. Nella figura sono mostrate le sequenze dell'mRNA normale e di quello mutante e le sequenze delle corrispondenti proteine. In seguito alla delezione delle basi A e G, tutti gli aminoacidi successivi sono cambiati e, dopo 17 codoni che portano all'inserimento di aminoacidi sbagliati, si incontra il codone STOP UGA e la sintesi della proteina si interrompe.

Traslocazioni cromosomiche

La mitosi e la meiosi sono processi complicati. A volte, quando il DNA è danneggiato o presenta qualche rottura, i cromosomi vengono riassemblati in modo non corretto: una traslocazione cromosomica è la conseguenza dello scambio di un segmento tra due cromosomi non omologhi che hanno subito entrambi una rottura. Se il punto di rottura cade all'interno di un gene, questo verrà scisso in due parti che, alla fine, si troveranno su due cromosomi differenti. Le traslocazioni

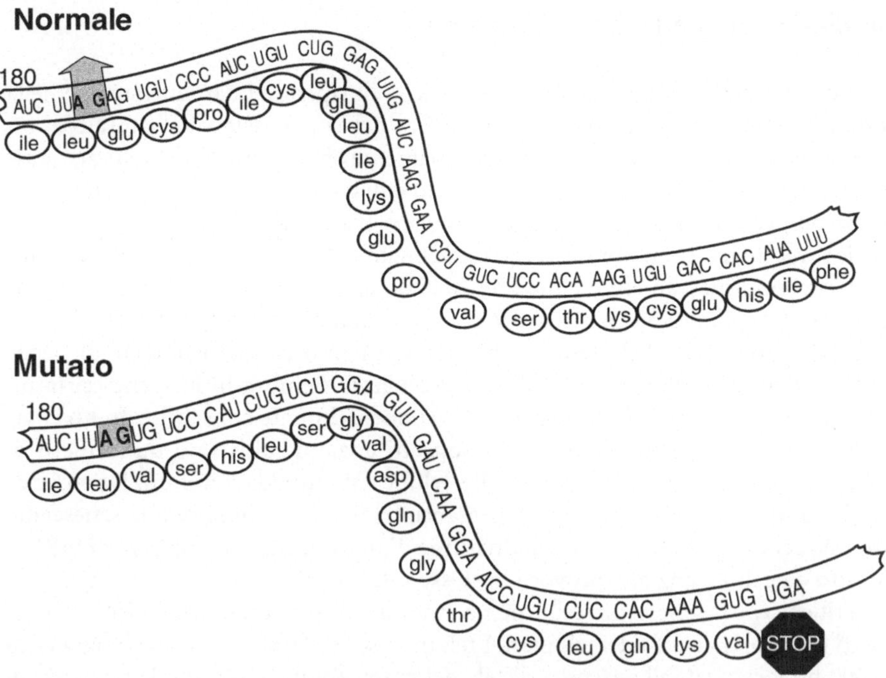

Fig. 2.3. Sequenza nucleotidica del messaggero normale di *BRCA1* e di quello mutato, dalla posizione 180 alla 248. La mutazione del185AG causa un *frameshift* che provoca una terminazione precoce della proteina a livello del codone STOP UGA

cromosomiche sono quasi sempre mutazioni somatiche. Per esempio, il cromosoma Filadelfia t(9;22) è presente soltanto nei leucociti maligni della leucemia mieloide cronica (CML, *Chronic Myeloid Leukemia*). Questa traslocazione provoca la fusione di un gene presente sul cromosoma 9 (*ABL*) con un gene posto sul cromosoma 22 (*BCR*). Il gene ibrido *BCR/ABL* costituisce una mutazione che (come vedremo nel Capitolo 7) provoca un'anomala proliferazione dei precursori dei leucociti. Nel Capitolo 8 vedremo come la conoscenza della mutazione *BCR/ABL* abbia consentito di produrre un farmaco "su misura" in grado di bloccare la proliferazione causata da questo gene ibrido. Tale farmaco, STI571, costituisce un nuovo trattamento molto efficace per la CML.

Oltre a quelli descritti, esistono molti altri tipi di mutazioni, quali, ad esempio, le delezioni o le duplicazioni di estesi segmenti cromosomici.

Abbiamo ancora molto da imparare riguardo alle mutazioni. Sebbene il semplice termine *mutazione* evochi la visione di orribili anomalie, va sottolineato che la capacità di mutare propria del DNA è ciò che consente agli organismi di adattarsi a un ambiente in continua modificazione. L'ingegneria genetica costruisce versioni alterate dei geni per applicazioni utili all'uomo: dovremmo considerare queste alterazioni come mutazioni? Con il progredire della nostra capacità di manipolare il genoma, la definizione di mutazione dovrà essa stessa evolvere.

Corollario: telomeri e invecchiamento

L'invecchiamento consiste nella ridotta capacità di riparare i danni tessutali e nella perdita di efficienza funzionale che si verifica nel corso della vita naturale di un organismo. L'invecchiamento è straordinariamente specie-specifico: la durata massima naturale della vita per un essere umano è di circa 120 anni, 40 per uno scimpanzé, 30 per un cane e soltanto 3 per un topo bianco da laboratorio, ma tutte le specie invecchiano in modo simile. Se un neonato umano e un cucciolo di cane iniziano contemporaneamente la loro vita, quando il bambino sarà solo un adolescente, il cane sarà già vecchio, le sue articolazioni irrigidite e la pelle grinzosa e cadente.

La maggior parte delle teorie sull'invecchiamento ruotano intorno all'accumulo di danni cellulari e molecolari non riparati. Sembra inoltre che esista un limite al numero totale di divisioni cellulari normalmente consentite. In una piastra da coltura, le cellule ottenute da soggetti anziani subiscono un numero di divisioni cellulari inferiore rispetto alle cellule ottenute da bambini. Dopo circa 50 divisioni, le cellule divengono senescenti. La fusione di una cellula senescente con una cellula giovane inibisce la divisione di quest'ultima. L'aggiunta di mRNA estratto da cellule anziane provoca lo stesso effetto.

Si ritiene che la senescenza cellulare sia innescata da numerosi meccanismi. Uno di questi è l'accorciamento dei **telomeri**. I telomeri sono elementi genetici lunghi circa 15.000 bp localizzati all'estremità distale dei cromosomi e costituiti da sequenze di DNA ripetute: le sei basi TTAGGG sono ripetute migliaia di volte. Queste sequenze ripetute sono replicate da un enzima denominato DNA telomerasi. Tuttavia, a ogni divisione un breve tratto del telomero, circa 100 bp, non viene copiato. Di conseguenza, i telomeri si accorciano progressivamente con il procedere delle divisioni cellulari. A un certo punto, tale accorciamento determina un'inibizione della replicazione del DNA e la senescenza cellulare. Le cellule tumorali ricostruiscono il frammento perso dal telomero a ogni divisione, sottraendosi così al normale conto alla rovescia dell'accorciamento dei telomeri. L'immortalizzazione è, in effetti, uno degli elementi più caratterizzanti la natura anormale delle cellule tumorali.

Nessuno pensa che l'invecchiamento sia dovuto a un unico gene o a un unico processo, ma l'accorciamento dei telomeri è una componente molto interessante del problema. Con l'ingegneria genetica possiamo alterare le cellule in modo tale che acquisiscano la capacità di ricostruire i propri telomeri: questo altererà il processo di invecchiamento?

Dal DNA alla proteina

Al momento della sua attivazione, il segmento di DNA che costituisce un gene è trascritto in RNA e, successivamente, le regioni introniche vengono rimosse dal messaggio. L'mRNA maturo è quindi tradotto in proteina sui poliribosomi presenti nel citoplasma della cellula. In tal modo viene prodotta una catena di aminoacidi che rappresenta la struttura primaria della proteina finale (vedere Figura 1.3).

Dopo la traduzione, la proteina si ripiega assumendo una struttura tridimensionale determinata dalla sua struttura primaria, ma a determinare la complessa conformazione finale di molte proteine concorrono modificazioni post-traduzionali quali il taglio della catena primaria o l'assemblaggio di varie catene e l'aggiunta di gruppi non-proteici come i glucidi. Le modificazioni post-traduzionali non sono specificate dal genoma; esse si verificano quando la struttura primaria della proteina si trova nel corretto ambiente cellulare.

Proteomica

Con la conclusione del sequenziamento del genoma umano ci si è rivolti allo sviluppo di un secondo tipo di banche dati per affrontare adeguatamente un ulteriore problema: quali forme assumono le proteine codificate dal genoma? Questa problematica è uno degli argomenti della proteomica, cioè di quell'insieme di studi rivolti alla catalogazione e all'analisi delle proteine. La catalogazione di tutte le proteine cellulari sarà più difficile rispetto al sequenziamento del genoma. Uno degli aspetti che rendono più complesso questo ambito di studi è il fatto che un gene può codificare per più proteine.

Non è attualmente possibile prevedere, sulla base della sequenza del gene che la codifica, quale forma funzionale assumerà una proteina complessa. Consideriamo ancora una volta il gene *INS* (Figura 1.6). Di questo gene conosciamo la sequenza e la struttura. *INS* è un gene semplice; a carico della proteina da esso codificata si verifica soltanto un piccolo numero di modificazioni post-traduzionali: due tagli e una saldatura. Ciononostante, non saremmo stati in grado di predire la forma finale dell'insulina sulla base della conoscenza del gene che la codifica. La proteomica costituirà una nuova fonte di conoscenze nella misura un cui riusciremo a comprendere le regole che permettono all'informazione lineare contenuta nel gene di tradursi nella struttura tridimensionale della proteina.

Espressione genica: l'esempio dell'insulina

Il controllo dell'espressione genica è un fenomeno complesso che tratteremo utilizzando come esempio il gene dell'insulina. Poiché questo ormone viene prodotto in risposta alle esigenze dell'organismo, devono esistere segnali che controllano l'attivazione e la disattivazione del gene che lo codifica e tali segnali devono essere innescati da stimoli quali il livello di glucosio, lo stress, il tipo di cibi assunti e molti altri fattori.

Pur non conoscendo tutti i dettagli, è possibile delineare alcuni aspetti fondamentali della regolazione dell'espressione del gene dell'insulina. Subito a monte (circa 100 bp) del gene dell'insulina è localizzato un **promotore** al quale si legano proteine denominate **fattori trascrizionali** che innescano la trascrizione del gene in RNA. Vari fattori trascrizionali per l'attivazione del gene *INS* sono tessuto-specifici, cioè sono presenti soltanto nelle cellule delle isole beta del pancreas. Questa è un'altra importante caratteristica dell'espressione genica: è necessario che essa venga sottoposta a un controllo non solo temporale ma anche spaziale. In sostanza, l'esigenza è che l'insulina sia prodotta nel pancreas e l'emoglobina nei globuli rossi, e soltanto quando sono necessarie.

La semplice attivazione e disattivazione di un gene mediante l'azione di un fattore trascrizionale che si lega al promotore potrebbe sembrare sufficiente, ma, in realtà, è necessario un controllo più fine che permetta anche la modulazione della sua espressione in risposta a eventi diversi. Il livello di trascrizione può, infatti, aumentare o diminuire a opera, rispettivamente, di un *enhancer* (intensificatore) o di un *silencer* (silenziatore). Questi ulteriori elementi regolatori consistono in segmenti di DNA che si trovano in alcuni casi in prossimità e in altri a distanza dal gene che contribuiscono a regolare. Sia gli *enhancer* che i *silencer* esercitano il proprio effetto sulla trascrizione quando a essi si legano specifiche proteine, ognuna delle quali riconosce una specifica sequenza nucleotidica denominata elemento responsivo. La Figura 2.4 mostra una mappa estesa del gene *INS* nella quale sono riportati alcuni di questi elementi regolatori. Nel Capitolo 5 prenderemo in considerazione una versione del gene *INS* manipolata mediante ingegneria genetica allo scopo di trapiantare la funzione dell'insulina in pazienti diabetici. Dovremo ricordare che, oltre a trasferire il gene, sarà necessario fornirgli opportune sequenze regolatrici perché possa funzionare.

A questo punto, è possibile trarre alcune conclusioni. Il gene dell'insulina viene regolato dall'azione di promotori, *enhancers* e *silencers*. È evidente il grado di raffinatezza che già in questo modo il sistema raggiunge, ma, in realtà, esistono ulteriori livelli di regolazione: la produzione di insulina viene regolata anche a livello post-traduzionale. Come già detto nel Capitolo 1, l'espressione del gene *INS* porta alla sintesi di un peptide precursore che deve essere scisso in due catene, le quali, a loro volta, si uniscono una a fianco all'altra: la velocità con cui questo accade è determinata da ulteriori meccanismi di regolazione. Infine, la risposta dell'organismo all'insulina dipende anche dalla presenza di specifici recettori sulle cellule del muscolo e di altri tessuti bersaglio. L'altrettanto complesso controllo dell'espressione del gene del recettore dell'insulina influenza anch'esso la

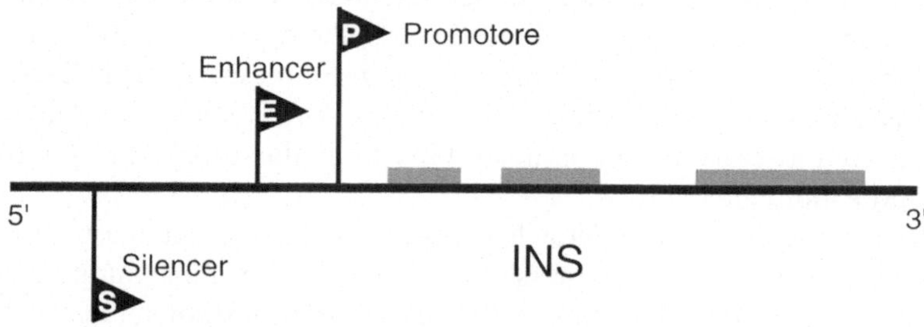

Fig. 2.4. Il gene *INS* è regolato da vari elementi di controllo che si trovano a monte delle sequenze codificanti

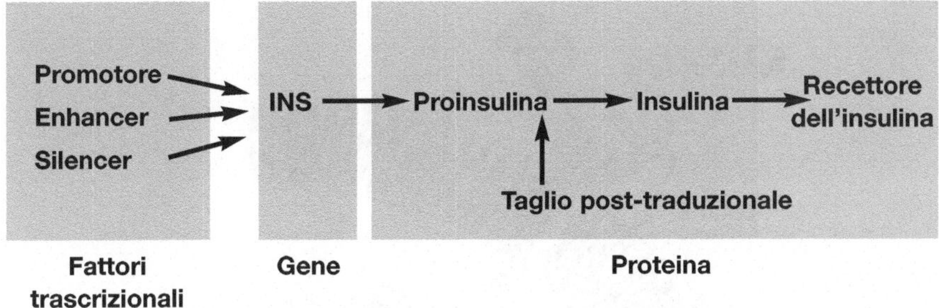

Fig. 2.5. La regolazione dell'insulina comporta, a valle della regolazione trascrizionale, modificazioni post-traduzionali e altri processi biologici

fase finale del processo. La Figura 2.5 illustra schematicamente molti dei livelli di controllo dell'espressione genica coinvolti nella sintesi dell'insulina. Sebbene sembri complesso, quello descritto costituisce l'esempio più semplice del fenomeno della regolazione genica.

Perché sono stati considerati tutti questi dettagli dato che questo è un libro di medicina molecolare e non di biologia molecolare? Perché è dalla conoscenza di tali informazioni (riassunte nelle Figure 2.4 e 2.5) che emergeranno nuovi trattamenti, e forse una cura risolutiva, per il diabete mellito. A questo proposito è stato preso in considerazione il trapianto delle cellule delle isole pancreatiche. E se il problema fosse nel recettore dell'insulina anziché nella sintesi dell'ormone? Perché trapiantare le cellule delle isole quando il gene *INS* è comunque presente in ogni cellula dell'organismo? Perché non cambiare semplicemente i fattori trascrizionali o altri elementi di controllo che regolano il gene *INS*? Questi argomenti verranno discussi nel Capitolo 5, nel quale risulterà evidente l'importanza dei concetti fondamentali sui quali ci siamo soffermati in questo capitolo e la loro diretta applicabilità ai problemi che vengono attualmente affrontati nel campo della medicina.

Vie di trasduzione del segnale

I segnali che regolano i geni provengono dall'esterno della cellula e devono in qualche modo essere trasmessi attraverso la membrana cellulare e raggiungere il nucleo. Le vie di trasduzione del segnale sono il mezzo attraverso il quale si realizza tale obiettivo. La Figura 2.6 illustra schematicamente le fasi della trasmissione del segnale. Un fattore di crescita, trasportato come molecola solubile nel sangue, innesca il processo di trasduzione del segnale legandosi al proprio specifico recettore posto sulla superficie della cellula bersaglio (il legame dell'insulina al proprio recettore posto su una cellula muscolare costituisce un esempio di questo fenomeno). In seguito alla formazione di tale legame, la porzione intracitoplasmatica del recettore subisce una modificazione conformazionale che trasmette il segnale al di là della membrana cellulare senza che il fattore di crescita

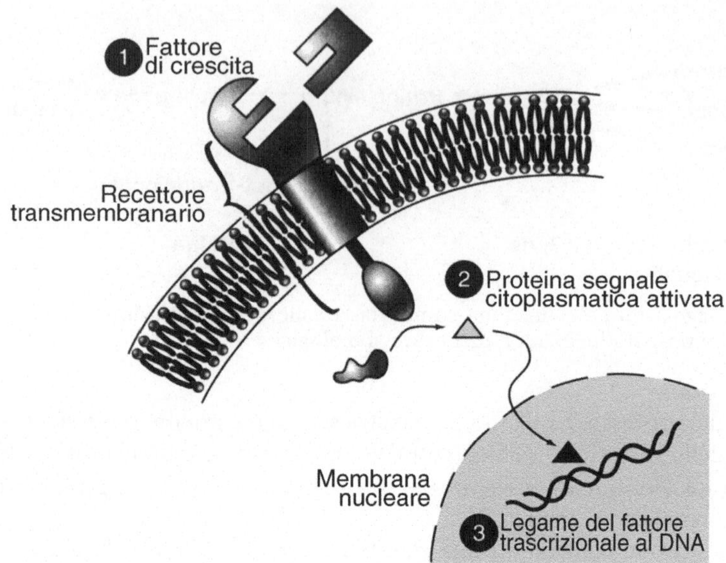

Fig. 2.6. La via di trasduzione del segnale riceve segnali esterni che, attraverso passaggi successivi, vengono trasferiti nel nucleo. La fase finale è costituita da un'interazione con il DNA che attiva un gene mediante il suo promotore

entri nella cellula. Il segnale è ulteriormente propagato attraverso il citoplasma da una o più molecole intermediarie, quali le proteine G, e raggiunge infine il nucleo sotto forma di una specifica proteina (fattore trascrizionale) che si lega a un'altrettanto specifica sequenza regolatrice presente nel DNA.

Nel Capitolo 7 vedremo quanto sia importante il ruolo svolto dalla trasduzione del segnale nell'eziologia molecolare del cancro. Le proteine coinvolte nella trasduzione del segnale sono codificate dagli oncogèni, così chiamati perché, se subiscono una mutazione, alterano la via di trasduzione e provocano una deregolazione della proliferazione cellulare che costituisce il primo passo verso lo sviluppo di un tumore maligno.

Riepilogo

La replicazione del DNA è il processo mediante il quale l'informazione contenuta nel genoma viene riprodotta. La trascrizione del DNA in RNA e la traduzione dell'RNA in proteina costituiscono l'espressione dell'informazione genetica. Questi processi sono regolati e soggetti a sistemi di riparazione per garantire la correttezza dell'informazione. L'invecchiamento cellulare è in parte controllato dall'accorciamento dei telomeri, che alla fine limita il numero di divisioni che una cellula può subire. Le mutazioni sono errori nell'informazione, a volte ereditati attraverso le cellule germinali e a volte acquisiti nelle cellule somatiche. Le mutazioni sono la causa di molte patologie ma anche la fonte di nuova diversità genetica che permette l'adattamento alle modificazioni ambientali. Eventi esterni alla cellula innescano l'espressione genica attraverso le vie di trasduzione del segnale. Questi segnali si legano a sequenze regolatrici presenti nel DNA, facendo interagire la cellula con altre cellule, creando un insieme che costituisce un organismo multicellulare con un notevole grado di complessità funzionale.

Bibliografia

Lewin B (1999) *Il gene VI*. Bologna, Zanichelli (L'edizione inglese più recente, *Genes VII*, è disponibile sul sito Internet www.ergito.com)

Lodish H, Berk A, Zipursky SL *et al* (2002) *Biologia molecolare della cellula*, 2ª ed. Bologna, Zanichelli

Maroni G (2001) *Molecular and Genetic Analysis of Human Traits*. Malden, Blackwell Science

Strachan T, Read AP (2001) *Genetica umana molecolare*, 2ª ed. Torino, UTET

CAPITOLO 3

Ingegneria genetica

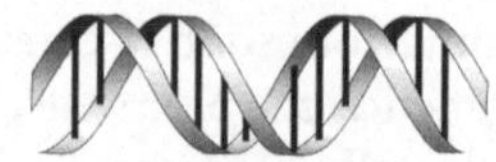

Introduzione

La medicina molecolare è un nuova rivoluzionaria disciplina che ha preso il via grazie allo sviluppo di nuovi strumenti per l'analisi e la manipolazione del DNA. Mentre l'invenzione del microscopio ci ha mostrato le basi cellulari della vita, lo sviluppo della tecnologia del DNA ricombinante ce ne ha ora rivelato le basi molecolari. La rivoluzione ha soltanto 25 anni e così tanto è stato già appreso. Questo capitolo inizierà con la descrizione dello strumento da cui tutto ha avuto origine: le "forbici" per tagliare il DNA costituite dagli enzimi di restrizione. Verranno poi descritte alcune fondamentali tecniche (*Southern blot*, PCR, chip a DNA) basate tutte sull'ibridazione di piccole sonde a bersagli molecolari. Successivamente verranno trattate le metodologie per l'inattivazione di specifici geni (antisenso, topi *knockout*) e, infine, le tecniche che hanno reso possibile la clonazione dei geni e, almeno in teoria, quella di interi organismi.

Enzimi di restrizione

Gli **enzimi di restrizione** sono proteine batteriche che tagliano il DNA in frammenti. Un enzima di restrizione riconosce una specifica sequenza di basi, per esempio AGCT, e taglia il DNA in corrispondenza di qualsiasi sito in cui sia presente tale sequenza. Un sito di questo tipo è denominato sito di restrizione. Può sembrare strano che i batteri producano questo genere di enzimi, ma la loro funzione è quella di distruggere i batteriofagi, cioè i virus che infettano i batteri. Probabilmente i batteri hanno acquisito questa funzione enzimatica nel corso della loro evoluzione, procurandosi, in tal modo, una sorta di primitivo sistema immunitario. Nei batteri, gli enzimi di restrizione tagliano soltanto il DNA estraneo, non quello dei batteri stessi, in quanto questi presentano solo occasionalmente la specifica sequenza nucleotidica che verrebbe tagliata dal loro stesso enzima di restrizione. Inoltre, i batteri proteggono i propri siti di restrizione modificando chimicamente il DNA mediante aggiunta di un gruppo metilico e rendendolo in tal modo resistente all'enzima.

Nell'uomo, un sistema immunitario basato sugli enzimi di restrizione non potrebbe funzionare in quanto il genoma umano, essendo molto più grande (6.000 Mb) di un genoma batterico (1 Mb) contiene un numero troppo elevato di siti di restrizione. Tuttavia, è proprio questa proprietà che fa di tali enzimi uno strumento così utile. La digestione del DNA genomico umano con un enzima di restrizione dà risultati molto differenti a seconda dell'enzima utilizzato. Per esempio, l'enzima EcoRI taglia a livello di una sequenza (GAATTC) piuttosto frequente nel DNA umano e produce, quindi, decine di migliaia di tagli. L'enzima NotI, invece, taglia in corrispondenza di una sequenza poco frequente (GCGGCCGC) e, pertanto, i tagli saranno altrettanto rari. Nell'insieme, sono disponibili centinaia di enzimi di restrizione che forniscono un sistema molto flessibile per produrre tagli nel DNA.

Il modo migliore per illustrare l'applicazione degli enzimi di restrizione come strumento nella tecnologia del DNA è quello di utilizzare un'analogia. Il capoverso sottostante è una versione del preambolo della Costituzione degli Stati Uniti nella quale è contenuto un errore. Per individuare questo errore utilizzeremo una tecnica simile a quella basata sugli enzimi di restrizione. Immaginiamo un enzima che riconosca la sequenza "the". Individuiamo tutte le sequenze "the" che compaiono nel preambolo e tracciamo una sbarretta sulla "t", contiamo il numero di lettere e di spazi compresi tra due sbarrette consecutive e registriamo questi numeri. I numeri ottenuti rappresenteranno le dimensioni di ogni "frammento di restrizione".

We the People of the United States, in Order to form a more perfect Union, establish Justice, insure domestic Tranquility, provide for the common defence, promote our general Welfare, and secure the Blessings of Liberty to ourselves and our Posterity, do ordain and establish this Constitution for the United States of America.

Una persona che si trova a Washington ha svolto lo stesso esercizio utilizzando però il preambolo originale della Costituzione e ha ottenuto "frammenti di restrizione" lunghi 4, 14, 28, 28, 32, 103 e 118 caratteri. Questi risultati sono diversi da quelli ottenuti da noi. È possibile stabilire dove si è verificata la mutazione nella nostra copia?[1] Questa tecnica per l'individuazione delle mutazioni è denominata analisi dei polimorfismi di lunghezza dei frammenti di restrizione (RFLP, *Restriction Fragment Length Polymorphism*). Nel Capitolo 5 vedremo l'utilizzazione dell'analisi degli RFLP per l'individuazione di una mutazione puntiforme nel gene del fattore V della coagulazione.

---

[1] L'errore si trova nella 27ª parola: "our general Welfare" dovrebbe essere corretto in "the general Welfare". Questo errore potrebbe avere importanti conseguenze sull'interpretazione della Costituzione e può essere, quindi, considerato una "mutazione" minuscola ma pericolosa! A causa dell'assenza del sito di restrizione "the" nella copia mutante, i nostri frammenti di restrizione sono lunghi 4, 14, 28, (28 + 32 =) 60, 103 e 118 caratteri.

Southern, Northern e Western blots

L'esercizio che abbiamo svolto analizzando il preambolo della Costituzione è basato su una procedura simile a quella dell'analisi mediante *Southern blot*. Questo metodo permette di rilevare variazioni nella sequenza nucleotidica del genoma grazie alla digestione del DNA con un enzima di restrizione e alla successiva analisi delle dimensioni dei frammenti prodotti. Nella reale procedura di un *Southern blot*, il DNA viene estratto da un campione di tessuto, frammentato con un enzima di restrizione e sottoposto a elettroforesi allo scopo di separare i frammenti in base alle loro dimensioni. La Figura 3.1 mostra un'elettroforesi di DNA su gel di agarosio: la corsia 1 contiene marcatori di peso molecolare costituiti da frammenti di DNA di dimensioni note, mentre nelle corsie 2-9 è visibile una strisciata di migliaia di frammenti prodotti dalla digestione del DNA con un enzima di restrizione. Il passo finale consiste nel "fare un *blot*", cioè nel trasferire questo gel su una membrana, e nel sondare poi il *blot* per una specifica sequenza genica di interesse mediante la tecnica di ibridazione del DNA (che verrà discussa tra poco). La Figura 3.2 mostra un *Southern blot* eseguito nel mio laboratorio per analizzare il gene del recettore delle cellule T. I pazienti che mostrano una banda addizionale (corrispondente al gene riarrangiato) sono affetti da un linfoma a cellule T. La procedura consistente nell'analizzare il DNA mediante digestione con un enzima di restrizione, elettroforesi, *blotting* e ibridazione con una sonda è chiamata *Southern blot* dal nome di Edwin Southern, che la sviluppò nel 1975. Le stesse procedure eseguite sull'RNA o sulle proteine sono denominate, rispettivamente, *Northern* o *Western blot*. Questi nomi sono giochi di parole suggeriti dalla denominazione della prima tecnica di *blotting*. Il *Southern blot* ha costituito una pietra miliare nella tecnologia del DNA: prima del 1975 l'unico modo per sondare il genoma di un organismo consisteva nell'eseguire incroci!

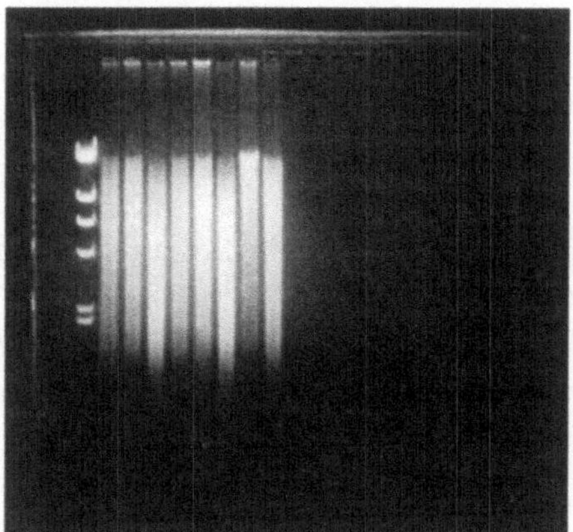

Fig. 3.1. Elettroforesi di DNA genomico su gel di agarosio. Nella corsia 1 sono visibili i marcatori di peso molecolare. Nelle corsie 2-9 è visibile una strisciata costituita dalle migliaia di frammenti che vengono prodotti dalla digestione del DNA genomico con un enzima di restrizione

Ibridazione del DNA

La possibilità di analizzare il genoma umano si basa sull'affinità tra sequenze di basi complementari, cioè sulla loro capacità di riconoscersi a vicenda e di formare legami chimici reversibili. Per evidenziare uno specifico gene si utilizza una sonda a esso complementare. È necessario che la sonda sia in qualche modo marcata, per esempio mediante aggiunta di un' "etichetta" colorata, luminescente o radioattiva. Il campione di DNA viene quindi incubato con la sonda in condizioni che favoriscano la formazione del legame tra questa e il bersaglio. L'individuazione delle condizioni consiste nella scelta della temperatura, del pH e della concentrazione salina più idonei. Alterando leggermente le condizioni è possibile imporre un appaiamento perfetto tra sonda e bersaglio oppure consentire un appaiamento imperfetto. La scelta delle condizioni viene anche detta scelta della stringenza dell'ibridazione. L'ibridazione consente di visualizzare il DNA bersaglio, come risulta evidente nel *Southern blot* mostrato nella Figura 3.2.

L'ibridazione è uno strumento chiave per molti dei metodi utilizzati nello studio del DNA. Come vedremo tra poco, la famosa tecnica della PCR inizia con l'i-

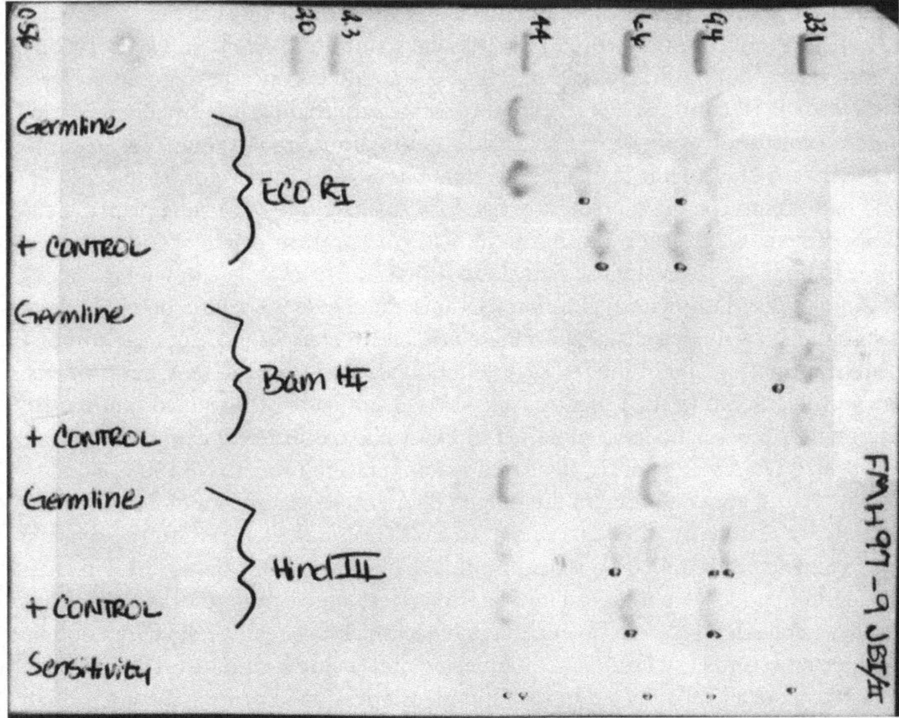

Fig. 3.2. Analisi mediante *Southern blot* del gene del recettore delle cellule T. I puntini indicano le bande corrispondenti ai geni riarrangiati presenti in vari campioni di DNA ottenuti da pazienti con linfoma maligno a cellule T

bridazione di un breve frammento di DNA a un bersaglio. Anche la tecnologia dei chip a DNA dipende dall'ibridazione tra il campione di DNA e un enorme numero di sonde fissate su un substrato solido secondo una disposizione a griglia.

Reazione a catena della polimerasi (PCR)

La **reazione a catena della polimerasi** (PCR, *Polymerase Chain Reaction*) è stata sviluppata da Kary Mullis nel 1983 e la sua straordinaria utilità è stata immediatamente riconosciuta. La storia della sua invenzione (vedere Mullis, 1990) è affascinante ed è emblematica della rivoluzione biotecnologica per la quale è risultato determinante il contributo di quei giovani ricercatori che pensano e agiscono fuori dagli schemi. Mullis aveva lasciato il suo laboratorio a San Francisco per un week end di vacanza e stava procedendo in macchina, di notte, lungo la costa della California settentrionale. Durante la guida, mentre la sua compagna dormiva, Mullis rifletteva su un sistema per produrre copie a ripetizione di un singolo frammento di DNA. La serie di tornanti lungo la stretta strada costiera potrebbe essere penetrata nel suo subconscio. Prima di essere arrivato a destinazione, aveva elaborato l'idea di una reazione a catena e, nel giro di pochi mesi, aveva sviluppato un metodo che si diffuse rapidamente nei laboratori di tutto il mondo. Mullis ricevette il Premio Nobel nel 1993. La PCR ha sostituito il *Southern blot* dopo dieci anni e ora, dopo altri dieci anni, viene a sua volta sostituita dai chip a DNA. Tuttavia, la PCR continua a costituire una tecnica chiave in molte situazioni, e rappresenta comunque un altro eccezionale sistema di manipolazione del DNA.

Descriverò brevemente la PCR. È divertente notare che la maggior parte delle persone ha bisogno che questa tecnica venga loro spiegata due o tre volte prima che la comprendano. Questo non perché sia difficile, ma proprio perché è così semplice. Come in un gioco di prestigio, è difficile accorgersi del trucco! Il campione iniziale di DNA a doppia elica viene aggiunto a una miscela che contiene due brevi sonde di DNA sintetico a singola elica denominate *primers*. I *primers* sono sequenze complementari a una regione di interesse contenuta nella molecola di DNA: un *primer* si lega a un filamento (senso) mentre l'altro si lega sul filamento opposto (antisenso), delimitando il bersaglio sulla molecola di DNA che costituisce il campione iniziale (Fig. 3.3). Il DNA viene poi riscaldato a una temperatura prossima ai 100°C e questo fa sì che esso si apra e "fonda" in due singoli filamenti (denaturazione). La miscela di reazione viene quindi raffreddata fino a circa 60°C: a questa temperatura i *primers* si legano alle due estremità della sequenza di DNA bersaglio (appaiamento). Un enzima denominato DNA polimerasi inizia a sintetizzare nuove molecole di DNA a doppia elica (sintesi). Poiché questo enzima richiede una breve regione di DNA a doppia elica per innescare la sua funzione polimerizzante, la sintesi di nuovo DNA avviene esclusivamente a livello dei siti in corrispondenza dei quali i *primers* si sono ibridati al bersaglio. Questi siti costituiscono, infatti, le uniche regioni di DNA a doppia elica nella miscela di reazione contenuta nella nostra provetta. Tutto il resto del DNA diverso dal bersaglio non viene copiato! La sintesi procede lungo il filamento del

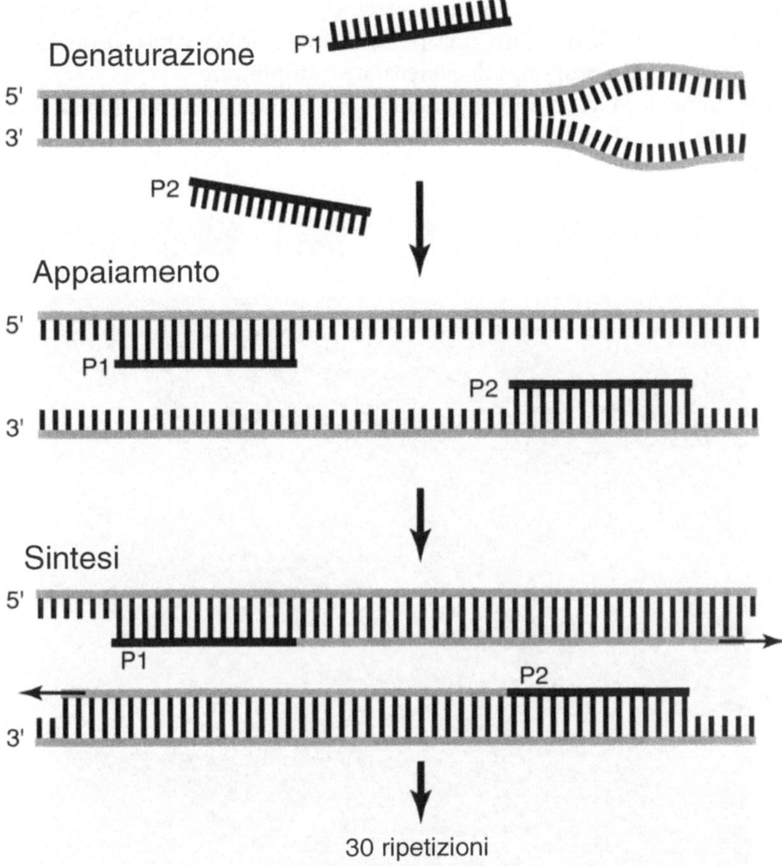

Fig. 3.3. La reazione a catena della polimerasi (PCR) è costituita da tre fasi (denaturazione, ibridazione, estensione) controllate mediante le cicliche variazioni di temperatura alle quali è sottoposta la miscela di reazione. Due *primers* sintetici, P1 e P2, si legano ai due lati della regione bersaglio di interesse. Ogni ciclo raddoppia il numero di copie del DNA della regione amplificata

DNA nella direzione dal 5' al 3' ad una velocità di circa 1.000 basi al secondo, e viene di solito eseguita a una temperatura leggermente superiore, circa 72°C. Dopo un breve intervallo di tempo si ottengono, così, due copie a doppia elica del DNA bersaglio. Si porta di nuovo il campione a 95°C e il DNA si denatura di nuovo: a questo punto sono quattro i singoli filamenti del bersaglio disponibili per il legame con i *primers*. Si raffredda di nuovo a 60°C per consentire l'ibridazione dei *primers* e poi si porta la temperatura a 72°C per la fase di sintesi, e il gioco è fatto! Nel giro di pochi minuti sono stati ottenuti otto filamenti del bersaglio. Ogni volta che viene eseguito un ciclo tra 60°, 72° e 95°C il numero di copie del DNA bersaglio raddoppia. In altre parole la PCR amplifica esclusivamente il DNA bersaglio: si inizia con un campione di DNA contenente l'intero genoma e dopo poche ore si ottiene un prodotto di amplificazione che consiste esclusivamente in uno specifico frammento. Il bersaglio potrebbe essere una porzione di un gene, una parte di un genoma virale, o qualsiasi altra sequenza di DNA ci si proponga di evidenziare e amplificare.

Una reazione di PCR comporta generalmente 30 cicli e ha una durata compresa tra le 2 e le 4 ore. La Figura 3.4 mostra i prodotti di una PCR separati mediante elet-

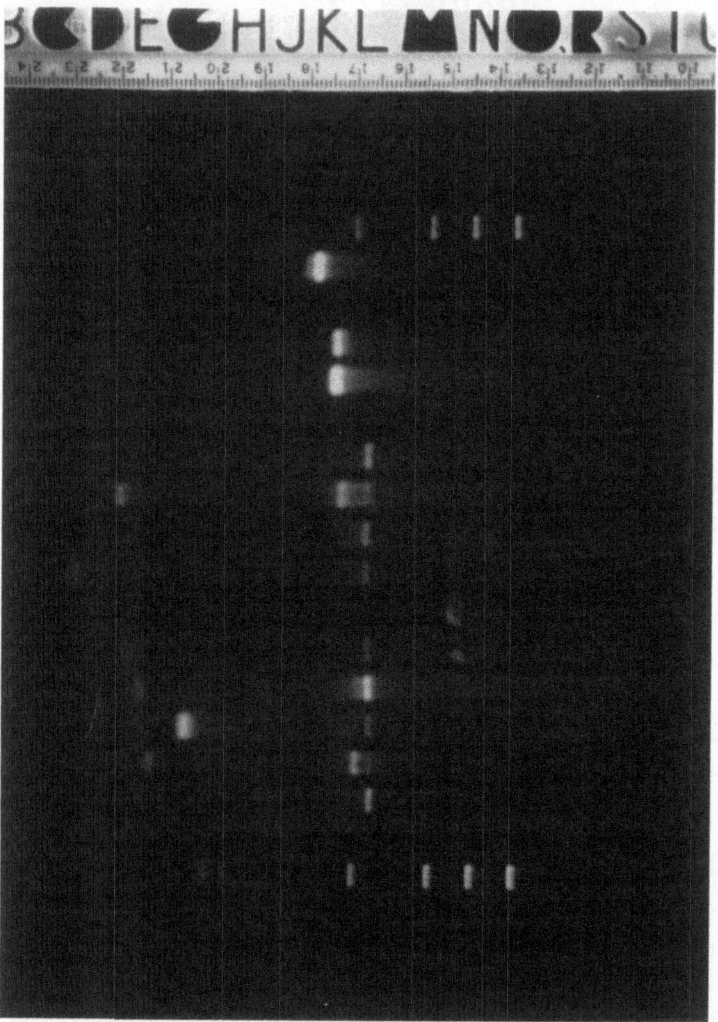

Fig. 3.4. Analisi dei prodotti di una PCR mediante elettroforesi su gel di agarosio. Le corsie 1 e 18 contengono i marcatori di peso molecolare; le corsie 2-17 mostrano bande corrispondenti ai prodotti di amplificazione. Le bande intense verso il centro della maggior parte delle corsie corrispondono al prodotto di amplificazione di un gene di controllo. Le bande deboli presenti in alcune corsie in prossimità della parte alta del gel (parte destra della figura) corrispondono al prodotto di amplificazione del gene bersaglio in esame. (Per gentile concessione del Dr. Steve Schichman, University of Arkansas, Little Rock)

troforesi su gel. La comparsa di una banda di specifiche dimensioni dimostra che il segmento di DNA bersaglio che si voleva evidenziare era effettivamente presente nel campione. La PCR viene eseguita in un apparecchio denominato termociclatore. Un elemento decisivo che ha semplificato notevolmente la PCR è stata la scoperta di una DNA polimerasi che non risente dell'esposizione a una temperatura prossima a quella di ebollizione! Quasi tutti gli enzimi lavorano con la massima efficienza a 37°C e sono denaturati, e quindi inattivati, mediante ebollizione (questa è la base concettuale della cottura dei cibi). Alcuni ricercatori osservarono acutamente che i batteri che vivono nelle acque bollenti dei geysers del Parco Nazionale di Yellowstone devono possedere una DNA polimerasi in grado di funzionare a temperature prossime a quella di ebollizione. L'enzima ricavato da questi batteri è denominato Taq (da *Thermus aquaticus*, il nome del batterio). Nel Capitolo 5 vedremo l'utilizzazione della PCR per l'individuazione dei soggetti a rischio di trombosi a causa di una mutazione nel gene codificante per il fattore V della coagulazione (Figura 5.2).

Chip a DNA

Lo sviluppo dei chip a DNA combina le tecnologie molecolari e quelle informatiche allo scopo di gestire grandi quantità di informazioni relative a sequenze di DNA. Un chip a DNA o *microarray* è costituito da migliaia di sonde oligonucleotidiche sintetiche fissate in siti specifici di un supporto (chip). La produzione di questi chip utilizza la chimica combinatoriale per sintetizzare le sonde una base alla volta. La fissazione delle sonde su una specifica area si avvale della tecnica impiegata per la fabbricazione dei microcircuiti mediante microfotolitografia. I chip a DNA possono ospitare fino a 1 milione di sonde per centimetro quadrato di superficie. La Figura 3.5 è un'illustrazione schematica dell'estremità di un chip nella quale sono rappresentate brevi molecole di DNA a singolo filamento fissate ognuna su una specifica area della griglia.

Il GeneChip, prodotto dalla Affimetrix (Santa Clara, CA), rende disponibili vari *arrays*, ognuno dei quali ospita circa 30.000 sonde su un'area di 1.28 cm^2. Sono stati realizzati GeneChip per una parziale genotipizzazione dell'HIV allo scopo di individuare mutazioni che influenzino la sensibilità ai farmaci, per l'analisi delle mutazioni nei geni oncosoppressori *p53* e *BRCA1* e per l'analisi degli SNP per lo sviluppo dei farmaci.

L'analisi basata sui chip a DNA è simile alle altre tecniche a nostra disposizione, ma si differenzia da queste per l'eccezionale prerogativa di consentire l'analisi di un enorme numero di ibridazioni in un unico esperimento. Il campione di DNA viene amplificato per aumentare la quantità del bersaglio, per esempio per aumentare la quantità di HIV o di sequenze di *p53* nel campione ottenuto da un paziente. Il DNA amplificato è marcato con un' "etichetta" visualizzabile costituita da una molecola colorata o chemiluminescente o fluorescente. La soluzione contenente il DNA viene stratificata sul chip in condizioni ottimali per l'ibridazione e il passo successivo consiste nel verificare in quali aree del chip sia avvenuta l'ibridazione. A tale scopo, il chip

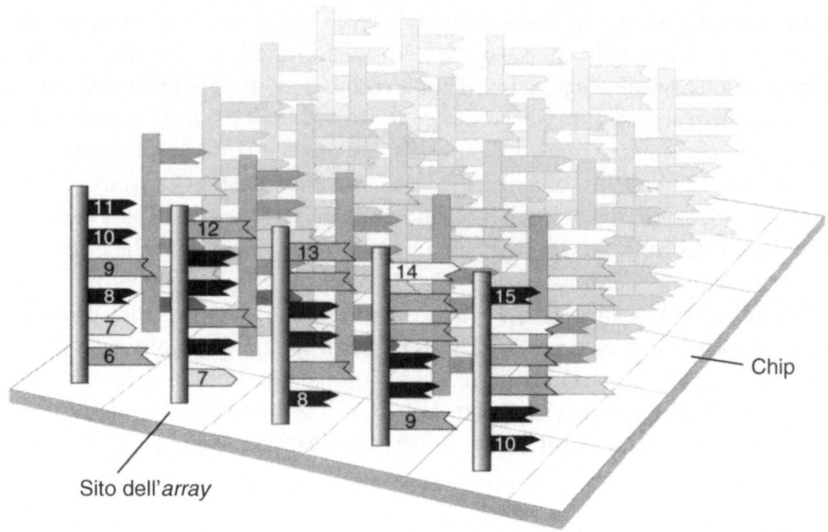

Fig. 3.5. Rappresentazione schematica dell'estremità di un *microarray*, denominato anche chip a DNA. Decine di migliaia di brevi molecole di DNA sono fissate in corrispondenza di specifici siti sull'*array*

viene esaminato mediante un sistema automatico di analisi con risoluzione microscopica che permette l'osservazione delle decine di migliaia di siti del chip stesso.

Altre ditte, in concorrenza con la Affimetrix, hanno sviluppato variazioni su questo tema che comportano differenti modalità per la fabbricazione del chip, come l'applicazione di sonde presintetizzate mediante microgetti, o per la lettura del chip stesso, come il sistema basato sul rilevamento dell'impedenza elettrica. Attualmente si stanno creando ingegnose combinazioni di vari metodi di automazione e miniaturizzazione destinate a trasformare il classico laboratorio per lo studio degli acidi nucleici in un sistema di microdispositivi (vedere McGlennen, 2001). L'analisi dell'informazione genetica è a questo punto in tutt'altro ordine di grandezza rispetto al recente passato: possiamo rivolgere la nostra attenzione all'intera sequenza di un gene anziché evidenziare la singola mutazione. Guardando in prospettiva alle applicazioni di questi microdispositivi a DNA, è necessario avvalersi dell'esperienza scaturita dalla rivoluzione informatica. Non dobbiamo preoccuparci della quantità di tempo necessario per svolgere analisi come il sequenziamento o della loro difficoltà perché si sta sviluppando la tecnologia per gestire l'enorme quantità di dati che potremmo trovarci ad analizzare.

Expression arrays

Per renderci ulteriormente conto delle potenzialità della tecnologia dei chip a DNA, consideriamo un'interessante e, in un certo senso, speciale applicazione: gli *arrays* per l'analisi dell'espressione genica (*expression arrays*). Come abbiamo detto nel Capitolo 1, ora che è disponibile l'intera sequenza del genoma umano siamo pronti ad affrontare la genomica funzionale. Gli *expression arrays* utilizzano la tecnologia dei chip a DNA per svelare quali funzioni una cellula sta svolgendo proprio nel momento in cui si effettua l'analisi. Le cellule vengono trattate in modo da estrarre e preservare tutti gli mRNA presenti. È necessario ricordare che l'mRNA è una molecola molto vulnerabile: è un messaggio e, come tale, è progettato per essere degradato rapidamente una volta che sia stato letto. Sono numerosi gli enzimi che distruggono rapidamente l'mRNA, specialmente se esso si trova libero all'esterno della cellula.

In un tessuto appena prelevato è presente un gran numero di molecole di mRNA differenti, ognuna delle quali è il prodotto della trascrizione di un gene in quel momento attivo. Per tornare alla nostra analogia con la biblioteca, identificare gli mRNA presenti in un tessuto è come verificare quali libri siano stati presi in prestito dalla biblioteca stessa. Per il momento non ci interessiamo di cosa ci sia nella biblioteca, vogliamo sapere cosa il pubblico sta leggendo. Gli *expression arrays* ci dicono cosa sta facendo un tessuto, rivelandoci tutti i geni che in un dato momento vengono trascritti. Un *expression array* è un chip a DNA progettato per ospitare migliaia di sonde per geni che potrebbero essere attivi in un tessuto. È opportuno scegliere queste migliaia di geni sulla base della natura del tessuto che si vuole analizzare, dato che, per il momento, neppure la tecnologia dei chip a DNA può sondare in un'unica volta tutti i 35.000 geni umani. La Figura 3.6 è una rappresentazione schematica del quadro risultante da un esperimento basato su un *expression array*. In questo esperimento, l'mRNA è stato isolato da un campione di controllo e da un campione sperimentale, per esempio un tumore prima e dopo l'irradiazione. L'mRNA del controllo è marcato con una molecola rossa e l'mRNA sperimentale con una molecola verde. In corrispondenza di ciascuna delle 10.000 sonde geniche presenti sull'*array* è possibile osservare una delle seguenti situazioni: (0) nessun legame di mRNA, (1) legame del rosso, (2) legame del verde, o (3) legame sia del rosso sia del verde (che appare come giallo). Uno scanner ottico e un computer leggono il chip producendo uno stampato a colori dei risultati. Nella Figura 3.6 i colori sono stati ridotti a quattro livelli nella scala dei grigi. Analizzando i risultati è possibile stabilire per quali delle migliaia di geni saggiati si è avuta una modificazione dell'espressione nel tumore in seguito all'irradiazione: tutti i punti dell'*array* che non sono bianchi o neri rivelano una modificazione nell'espressione genica (vedere Freeman *et al.*, 2000; Yudong and Friend, 2001). Quello descritto è un eccezionale sistema per analizzare il comportamento dei tumori: un quadro identificativo dell'espressione genica come quello mostrato nella Figura 3.6 potrebbe costituire una diagnosi di gran lunga più specifica rispetto alla tradizionale istologia dei tumori. Quando arriveremo a comprendere meglio i dati, la conoscenza del profilo degli mRNA di un tumore potrebbe fornirci maggiori informazioni riguardo alla sua aggressività come pure riguardo alla sua sensibilità alla chemioterapia.

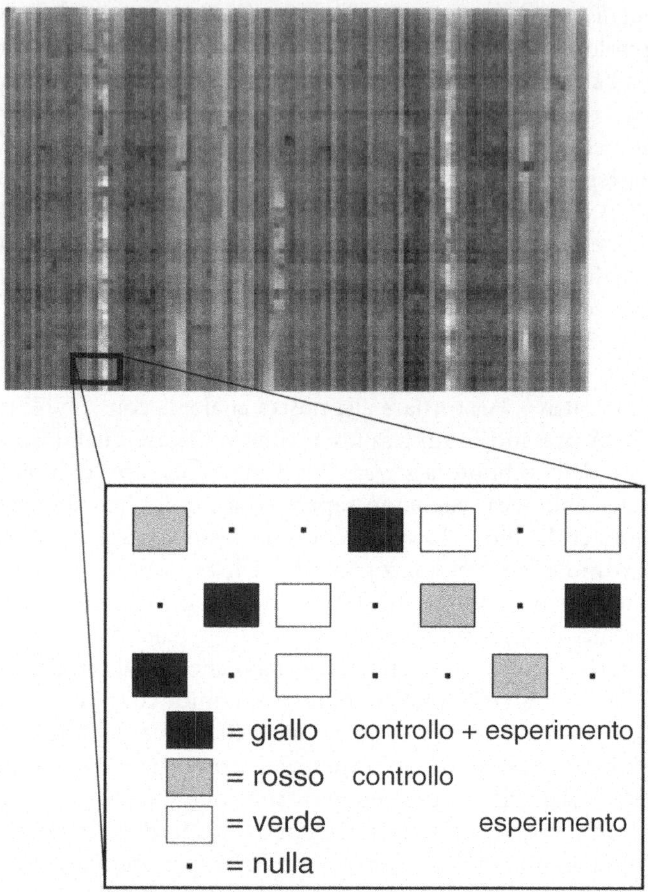

Fig. 3.6. Rappresentazione schematica del risultato di un'analisi mediante *expression microarray*. Ciascun punto mostra l'espressione genica comparata di un tumore prima e dopo irradiazione (vedere il testo)

Oligonucleotidi antisenso

Gli oligonucleotidi **antisenso** costituiscono una nuova categoria di farmaci in grado di modulare l'espressione genica e consistono in molecole di DNA molto brevi, generalmente da 15 a 30 basi, prodotte sinteticamente. La sequenza di un oligonucleotide antisenso è progettata in modo da essere complementare alla sequenza di una molecola di mRNA bersaglio. Un antisenso è complementare all'mRNA che contiene il messaggio genetico nel corretto orientamento "senso". La nostra scelta della lunghezza dell'antisenso e la specifica porzione dell'mRNA che selezioniamo come bersaglio sono critiche. Un antisenso troppo breve (diciamo 10 basi) potrebbe legarsi ad altre sequenze oltre che al nostro bersaglio. In opportune condizioni di ibridazione, l'oligonucleotide antisenso si lega alla regione dell'mRNA a esso complementare e a nessun'altra molecola. La Figura 3.7 mostra una piccola molecola antisenso che si lega all'mRNA. Il legame dell'oligonucleotide dà origine a una breve regione a doppia elica che impedisce la traduzione dell'mRNA in proteina. Questo effetto è dovuto al fatto che l'RNA a doppia elica viene riconosciuto come anomalo dalla cellula ed è distrutto dalla ribonucleasi H. Inoltre, se l'oligonucleotide antisenso è diretto contro la regione prossima al *cap* all'estremità 5' della molecola dell'mRNA, questa non sarà in grado di legarsi al ribosoma.

Il risultato del legame dell'antisenso all'mRNA è, quindi, la distruzione fun-

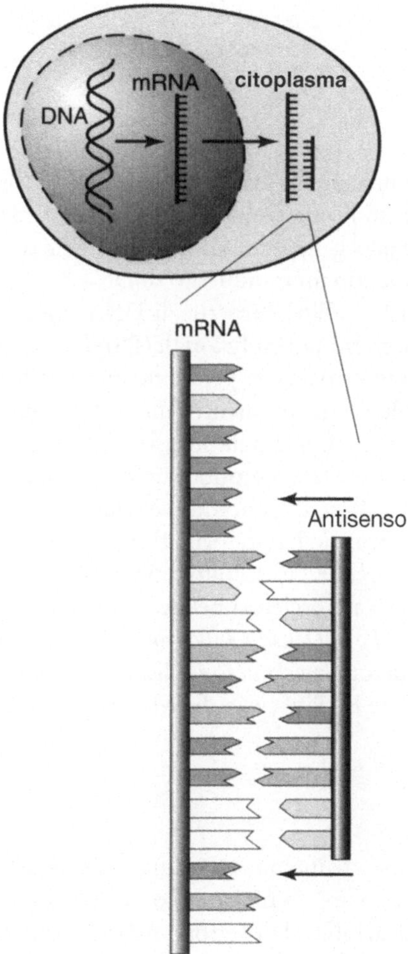

Fig. 3.7. Una molecola di DNA antisenso si lega a una molecola di mRNA in corrispondenza di una sequenza nucleotidica complementare alla propria. Il legame crea, nell'mRNA, una regione a doppia elica che interferisce con la traduzione in proteina

zionale di quello specifico messaggio. Se un oligonucleotide antisenso è presente in eccesso nel citoplasma di una cellula, nessuna copia del messaggio bersaglio può essere tradotta in proteina. Pertanto, sebbene uno specifico gene sia attivo e venga trascritto in mRNA, il messaggio non arriva a destinazione. Gli oligonucleotidi antisenso costituiscono un meccanismo molto specifico per interferire con l'espressione di un singolo gene.

Il blocco dell'espressione di un gene mediante molecole antisenso può essere reso permanente, anziché dipendente dalle ripetute somministrazioni di farmaco, mediante trasfezione delle cellule con una sequenza antisenso inserita in un **vettore** (come vedremo tra breve). La trasfezione con sequenze antisenso è uno strumento dell'ingegneria genetica che permette di produrre piante e animali transgenici resistenti a specifici agenti patogeni. Nel Capitolo 8 prenderemo in considerazione alcuni esempi di terapia antisenso per le patologie umane.

Topi *knockout*

Uno strumento sperimentale molto utilizzato nell'ambito della medicina molecolare è il **topo** *knockout*. Per studiare la funzione di uno specifico gene in un organismo, si inattiva selettivamente quel gene e quindi si osservano le conseguenze. Questo viene di solito ottenuto inserendo un frammento di DNA che blocca il funzionamento del gene, creando un allele "nullo". L'inserto di DNA che blocca il funzionamento viene trasferito in **cellule staminali embrionali (ES)** di topo. Poiché soltanto alcune cellule ES acquisiranno l'inserto, è indispensabile un metodo di selezione per isolare queste cellule. Le cellule ES ricombinanti vengono poi iniettate in una blastocisti di topo che a sua volta viene impiantata in una femmina di topo pseudogravida. Quando ha successo, questo metodo produce un ceppo puro di topi con il fenotipo nullo associato al gene *knockout*. La procedura è relativamente semplice, ma, se non è possibile realizzarla nel proprio laboratorio, ci si può rivolgere a ditte commerciali che producono topi *knockout*. Nel Capitolo 5 prenderemo in considerazione un modello sperimentale per l'aterosclerosi nel quale si utilizza un ceppo di topi privi del recettore della LDL (*Low Density Lipoprotein*, lipoproteina a bassa densità). Maggiori informazioni sui topi *knockout* sono disponibili sul sito web della University of Boston's Transgenic Core Facility (*www.bu.edu/transgenic/knockout.html*).

Vettori

I vettori costituiscono uno strumento fondamentale nella tecnologia del DNA in quanto consentono di veicolare un frammento di DNA esogeno all'interno di una cellula procariotica o eucariotica. Un vettore, infatti, è una molecola di DNA nella quale può essere inserito un frammento di DNA estraneo (producendo, così, una molecola di DNA ricombinante) e dotata delle caratteristiche necessarie per essere introdotta in una cellula ospite e per replicarsi autonomamente all'interno

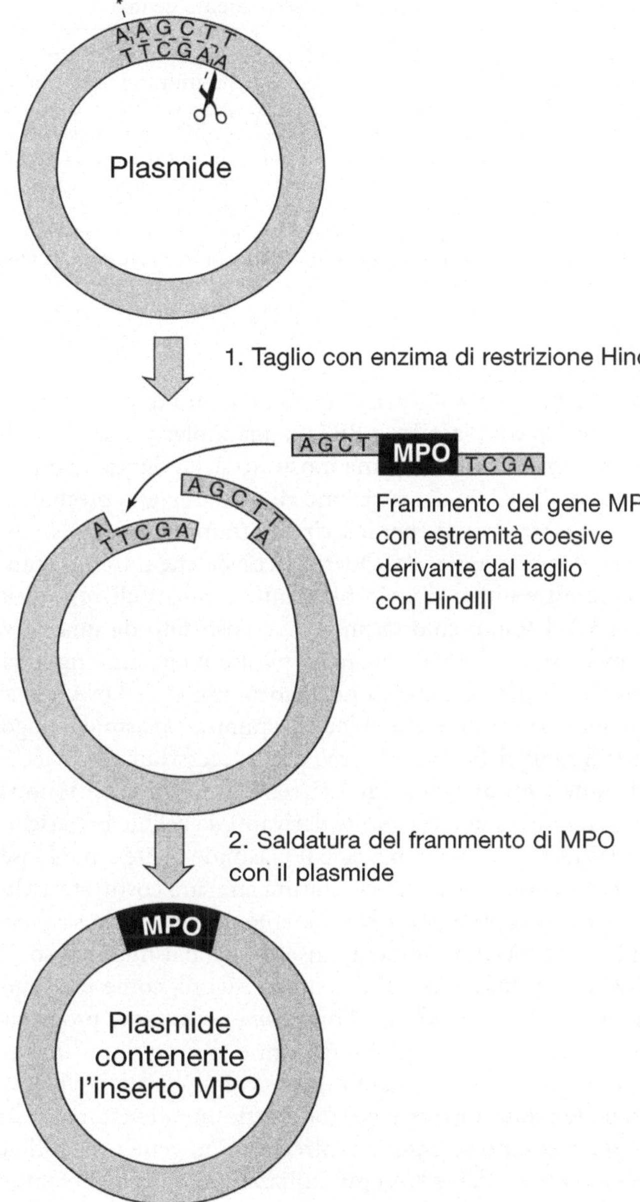

Fig. 3.8. Esempio di clonazione: è mostrata la fase dell'inserimento di una parte del gene *MPO* in un plasmide

Tabella 3.1. Esempi di sistemi per il trasferimento genico

AdV, adenovirus – semplice da produrre; può ospitare inserti di grandi dimensioni; la variante *gutless* induce una minore risposta immunitaria; non si integra nel genoma, con il risultato di un'espressione del transgene di durata limitata

AAV, virus adeno-associato – non è in grado di replicarsi in assenza di una coinfezione da HSV o AdV; si integra nel genoma; può ospitare solo piccoli inserti (4.5 kb)

HSV, herpes simplex virus – particolarmente adatto per raggiungere bersagli posti nel sistema nervoso centrale; non si integra nel genoma

Liposomi – particelle lipidiche contenenti il DNA da trasferire; semplici da produrre in grandi quantità; non inducono una risposta immunitaria; il DNA trasferito si integra raramente nel genoma

di essa. La Figura 3.8 illustra il funzionamento di un vettore che, in questo caso, è rappresentato dal plasmide pBR322, una molecola circolare che può replicarsi nel batterio *Escherichia coli*. Come mostrato nella figura, questo plasmide può essere tagliato con l'enzima di restrizione HindIII. Il taglio produce estremità coesive che possono essere sfruttate per inserire un frammento di DNA estraneo nel plasmide e per risaldare la molecola. Questo richiede che il frammento di DNA da inserire possegga estremità a singolo filamento compatibili con quelle del vettore. Nella Figura 3.8 il frammento da inserire è costituito da una porzione del gene della mieloperossidasi (*MPO*). Quando i plasmidi tagliati vengono incubati con l'inserto, alcuni di essi si richiudono incorporando il DNA estraneo mentre altri si richiudono senza l'inserto. A questo punto, i plasmidi vengono immessi in una coltura liquida del batterio *E. coli* che, successivamente, viene seminata su piastre Petri contenenti un opportuno terreno di coltura. Esistono vari sistemi per selezionare o individuare le colonie derivanti da cellule batteriche che hanno acquisito il plasmide ricombinante, cioè il plasmide contenente l'inserto. Da una di queste colonie si ricava una nuova coltura che sarà costituita esclusivamente da cellule contenenti il plasmide ricombinante e dalla quale sarà possibile ricavare una grande quantità del frammento inserito nel plasmide stesso. L'ingegneria genetica utilizza molti differenti tipi di vettori. Alcuni, come il cromosoma artificiale del lievito (YAC, *Yeast Artificial Chromosome*), sono stati progettati per ospitare frammenti di DNA di notevoli dimensioni e si sono dimostrati particolarmente utili nel Progetto Genoma Umano. Altri, come gli adenovirus, sono progettati per infettare le cellule umane e vengono denominati vettori per il trasferimento genico in quanto sono in grado di introdurre un gene nelle cellule umane. La Tabella 3.1 elenca alcuni dei sistemi più utilizzati per il trasferimento genico.

Vettori per il trasferimento genico e terapia genica della fibrosi cistica

Come esempio dell'uso dei vettori, prendiamo in considerazione la terapia genica della fibrosi cistica. L'obiettivo è quello di inserire una copia *wild type* del gene *CFTR* (che verrà trattato più dettagliatamente nel Capitolo 5) nell'epitelio delle vie respiratorie di pazienti affetti da fibrosi cistica. Se avesse successo, questo intervento correggerebbe il difetto nel trasporto transmembranario che causa i problemi respiratori presenti in questa patologia. Per trasferire il gene *CFTR* è stato utilizzato un vettore derivato dall'adenovirus AdV, un virus a DNA che infetta le vie respiratorie superiori e il tratto gastrointestinale causando infezioni frequenti che ogni anno provocano malattie in milioni di persone. Per utilizzare l'AdV come vettore è necessario modificarlo in modo tale da renderlo incapace di replicarsi e di causare una malattia nel paziente sottoposto alla terapia genica. Inizialmente, la procedura più utilizzata consisteva nel rimuovere la regione E1 del genoma virale. Il vettore così ottenuto, denominato ΔE1 AdV, è facile da crescere in coltura e può ospitare un inserto di DNA estraneo lungo fino a 30 chilobasi (kb). Questo vettore è stato utilizzato in trial clinici di terapia genica della fibrosi cistica. Il gene *CFTR*, posto sotto il controllo di un promotore e inserito nel vettore, viene somministrato al paziente per via aerosolica. Il vettore ingegnerizzato viene acquisito dalle cellule dell'epitelio respiratorio grazie al legame che stabilisce con un recettore di superficie della cellula e alla conseguente endocitosi. A questo punto il gene *CFTR wild type* è all'interno delle cellule bersaglio!

I problemi posti dall'AdV e da altri vettori simili sono: (1) risposta immunitaria dell'ospite diretta contro il vettore, la quale provoca uno stato di tossicità e quindi una limitazione nel numero di successive somministrazioni, e (2) limitata durata dell'espressione del gene inserito. Naturalmente, è necessario evitare di provocare bronchite o polmonite a un paziente affetto da fibrosi cistica. Le manipolazioni volte a diminuire la risposta dell'ospite all'AdV hanno avuto inizio con la delezione della regione E4 del virus con conseguente limitazione del numero di proteine virali espresse dal vettore. Questa manipolazione si è dimostrata efficace nel ridurre al minimo la risposta immunitaria. In effetti, è stato dimostrato che era possibile rimuovere praticamente tutti i geni del virus, producendo così un vettore AdV *gutless* (svuotato) che è incapace di replicarsi e che provoca una limitata risposta immunitaria da parte dell'ospite. In tal modo, tuttavia, non è stato ancora risolto il problema numero 2: il gene inserito non viene espresso molto a lungo. Poiché l'epitelio respiratorio si rinnova ogni poche settimane, tutte le cellule trasfettate vanno perse e per far persistere l'effetto è, pertanto, necessario somministrare una nuova dose al paziente. La fibrosi cistica è una patologia cronica: una costosa e complicata terapia da ripetere ogni settimana non costituisce certamente una soluzione ideale.

Per risolvere il problema della limitata durata dell'espressione del transgene si ricorre all'uso di vettori che si integrano nel genoma. Se un vettore di questo tipo fosse in grado di infettare le cellule dello strato basale dell'epitelio che danno origine a quelle più superficiali, si potrebbe ottenere un effetto molto duraturo. Il virus adeno-associato (AAV, *Adeno-Associated Virus*) è un buon candidato in quanto si integra naturalmente in uno specifico sito sul cromosoma 19. L'AAV, dopo l'integrazione, normalmente non si replica finchè non si verifica una co-infezione con un secondo virus come l'AdV o l'herpes simplex (HSV). Anche in questo caso, per esigenze di sicurezza e per ridurre la risposta immunitaria, si manipola il genoma virale in modo da ottenere un vettore AAV *gutless*. Un limite intrinseco all'AAV è costituito dal fatto che, essendo un virus di piccole dimensioni, può ospitare un inserto non superiore a 4.5 kb e questo costituisce un problema per geni di grandi dimensioni come *CFTR*.

Si possono utilizzare anche altri sistemi di trasferimento genico, compresi quelli di natura non virale come i liposomi, ma ognuno di essi presenta specifici problemi di natura tecnica. La morte di un paziente sottoposto a terapia genica sperimentale alla University of Pennsylvania, nel 2000, fu causata da un'epatite conseguente a un'imprevista tossicità del vettore.

Fino a ora sono stati condotti più di 20 trial clinici di terapia genica per la fibrosi cistica (West and Rodman, 2001) che hanno utilizzato tutti i sistemi di trasferimento genico riportati nella Tabella 3.1. In queste sperimentazioni non si è osservato alcun effetto del gene trasferito o, al massimo, un effetto molto limitato, e in qualche caso si è osservata un'infiammazione polmonare come effetto collaterale. Le iniziali speranze suscitate dalla terapia genica sono state frustrate da queste e da altre sperimentazioni cliniche. Tuttavia, i problemi incontrati sono di natura tecnica e, a tale proposito, non va dimenticato che l'ingegneria genetica è una disciplina ancora giovane. Sono convinto che i problemi tecnici possano essere superati e che la terapia genica diventerà uno strumento molto potente per la medicina.

Clonazione

Nel 1992, quando scrissi la prima edizione di questo libro, con il termine clonazione si indicava la produzione di un gran numero di copie di un gene[1]. All'epoca questa era la tecnologia di avanguardia, mentre oggi la clonazione di un gene è un esperimento che può essere tranquillamente eseguito da studenti delle scuole superiori. Attualmente, quando parliamo di clonazione intendiamo la produzione di molteplici copie, o cloni, di un intero organismo complesso: una pecora, una mucca o magari un essere umano.

Clonazione di un gene

Poiché la clonazione di un singolo gene è ormai un'operazione di routine, mi limiterò a descrivere solo un breve esempio. Immaginiamo di voler clonare il gene codificante per la mieloperossidasi (*MPO*), un enzima presente nei neutrofili che contribuisce all'eliminazione dei batteri, per poterlo poi modificare allo scopo di utilizzarlo come agente antibatterico in una particolare applicazione. Prima di tutto è necessario procurarsi la sequenza nucleotidica del gene *MPO*. In passato, questo avrebbe, per lo più, comportato l'isolamento del gene. Attualmente, la prima operazione da svolgere è la consultazione di una banca dati di geni. Nel nostro caso la consultazione della banca dati ci rivela che la

---

[1] NdT. In questo testo il termine *cloning* è stato sempre tradotto con il termine "clonazione"; è, tuttavia, opportuno precisare che, in riferimento ai geni, è molto più diffuso il termine "clonaggio".

sequenza completa del gene *MPO* è, in effetti, già disponibile (LocusLink 4353, OMIM 254600).

Per ottenere il gene *MPO* è possibile ricorrere a una libreria di cDNA. (A volte, si sceglie una strategia alternativa che consiste … nel chiedere un clone del gene di interesse a un collega che già lo possiede. Effettivamente, non è raro che venga adottata questa "strategia", ma, per portare avanti il nostro esempio di clonazione, immaginiamo di averla scartata). Per individuare il gene *MPO* nella libreria di cDNA è necessario procurarsi una sonda specifica. A tale scopo si può progettare un oligonucleotide complementare a una regione del gene stesso sulla base della sequenza pubblicata e, se il proprio laboratorio non dispone di un sintetizzatore di DNA, lo si può ordinare a ditte specializzate anche semplicemente attraverso Internet: un oligonucleotide di 20 basi prodotto secondo le precise richieste del cliente non è costoso ed è disponibile nel giro di un giorno o poco più. Successivamente, è necessario ottenere una libreria di cDNA da cellule ematiche e anche in questo caso si può ricorrere a un collega già in possesso della libreria di interesse oppure la si può acquistare, a costi contenuti, da una ditta specializzata. Una libreria di cDNA è una collezione di cDNA non selezionati, prodotti attraverso una procedura che comporta l'isolamento di tutti gli mRNA presenti nel campione di interesse e la loro retrotrascrizione in DNA a opera di un enzima denominato trascrittasi inversa.

I frammenti di cDNA così ottenuti vengono inseriti in un vettore plasmidico del tipo descritto precedentemente e, per individuare all'interno della libreria i plasmidi contenenti *MPO*, si utilizza la sonda oligonucleotidica. A tale scopo la sonda viene ibridata alle colonie di *E. coli* contenenti tutti i differenti plasmidi della libreria. La sonda si lega soltanto a un numero molto ristretto di colonie (generalmente non più di una o due): prelevando queste colonie e coltivandole in liquido si arriva a ottenere esclusivamente plasmidi contenenti il gene *MPO*.

Da questo punto in poi, i passaggi successivi saranno dettati dall'obiettivo dell'esperimento: per portare avanti l'esempio, immaginiamo di voler modificare il gene *MPO* allo scopo di produrre una versione modificata che nella giusta situazione esprima una grande quantità della proteina. In altre parole, si vuole ottenere un agente antibatterico biologicamente attivo la cui espressione possa essere attivata o disattivata. Per realizzare questo obiettivo è necessario manipolare il gene e dotarlo di un promotore forte che lo attivi in risposta a un segnale esterno, rendendo così possibile il controllo della sua espressione da parte dello sperimentatore. L'intero costrutto viene, poi, inserito in un opportuno vettore quale, per esempio, il vettore lambda gt11 che consente di ottenere un buon livello di espressione in un ospite batterico. Coltivando in condizioni opportune le cellule di *E. coli* contenenti il gene inserito nel vettore di espressione è possibile ottenere grandi quantità, anche industriali, della proteina da esso codificata.

A questo punto si potrebbe ritenere vantaggioso l'uso commerciale del clone ottenuto, ma, in tal caso, è necessario innanzitutto verificare se qualcuno detiene già i diritti commerciali sul gene. La "proprietà" di un gene costituisce un problema legale, etico e commerciale del tutto nuovo. La prima conseguenza di quanto detto è che, se la sequenza *MPO* utilizzata per l'esperimento descritto proviene dalla banca dati di un'azienda privata anziché da una banca dati pubblicamente accessibile, quella stessa azienda richiederà un contratto di licenza per lo sfruttamento commerciale del prodotto sviluppato.

Clonazione umana

Sono convinto che la clonazione di un essere umano possa essere realizzata e, sebbene personalmente la ritenga inaccettabile, sono anche convinto che, prima o poi, verrà effettivamente realizzata.

Innanzitutto, è importante sottolineare la fondamentale differenza che intercorre tra la clonazione e la **fecondazione *in vitro*** (IVF, *In Vitro Fertilization*). La IVF non produce una copia genetica o clone, ma combina le due cellule germinali aploidi di un maschio e di una femmina all'esterno dell'organismo. Non si tratta, in questo caso, di una manipolazione genetica, ma soltanto di un'assistenza meccanica al processo di fecondazione. Lo zigote viene impiantato in un utero surrogato e, di solito, la madre surrogata è anche uno dei genitori biologici. Le cellule germinali utilizzate nella IVF sono il prodotto della meiosi e sono programmate per combinarsi a formare uno zigote e per avviare il conseguente sviluppo fetale. Occasionalmente lo zigote si divide in due o più zigoti indipendenti: ciò accade sia nella riproduzione naturale che nella IVF ed è la fonte di gemelli identici, i quali possono essere considerati a tutti gli effetti dei cloni.

La Figura 3.9 rappresenta schematicamente le fasi della procedura mediante la quale potrebbe diventare realizzabile la clonazione umana e fornirà le linee guida per la nostra discussione.

Scelta della cellula donatrice

Il punto iniziale della procedura è costituito da una cellula somatica ottenuta dall'individuo da clonare. Tale punto iniziale non può essere costituito da una cellula germinale (cellula uovo o spermatozoo) in quanto, come sappiamo, questo tipo di cellula contiene una singola copia di ciascun cromosoma e un solo cromosoma sessuale, X o Y.

Nei primi esperimenti di clonazione animale, come cellule donatrici sono state utilizzate le cellule staminali embrionali (ES). Tali cellule derivano da embrioni a uno stadio molto precoce: esse sono in grado di dare origine praticamente a tutti i tipi di tessuti e potrebbero costituire, perciò, una fonte ideale per la clonazione. Tuttavia, procurarsi le cellule ES riserva molte difficoltà, inoltre si dibatte duramente sull'opportunità di consentire la loro utilizzazione nell'ambito della ricerca.

Le cellule staminali dell'individuo adulto sono cellule indifferenziate destinate, attraverso processi di differenziamento, a evolvere in linee specializzate. Pertanto anche queste cellule potrebbero rappresentare un buon punto di partenza per la clonazione se non fosse per il fatto che sono estremamente rare e difficili da ottenere. Inoltre, considerando le possibili fonti di cellule staminali

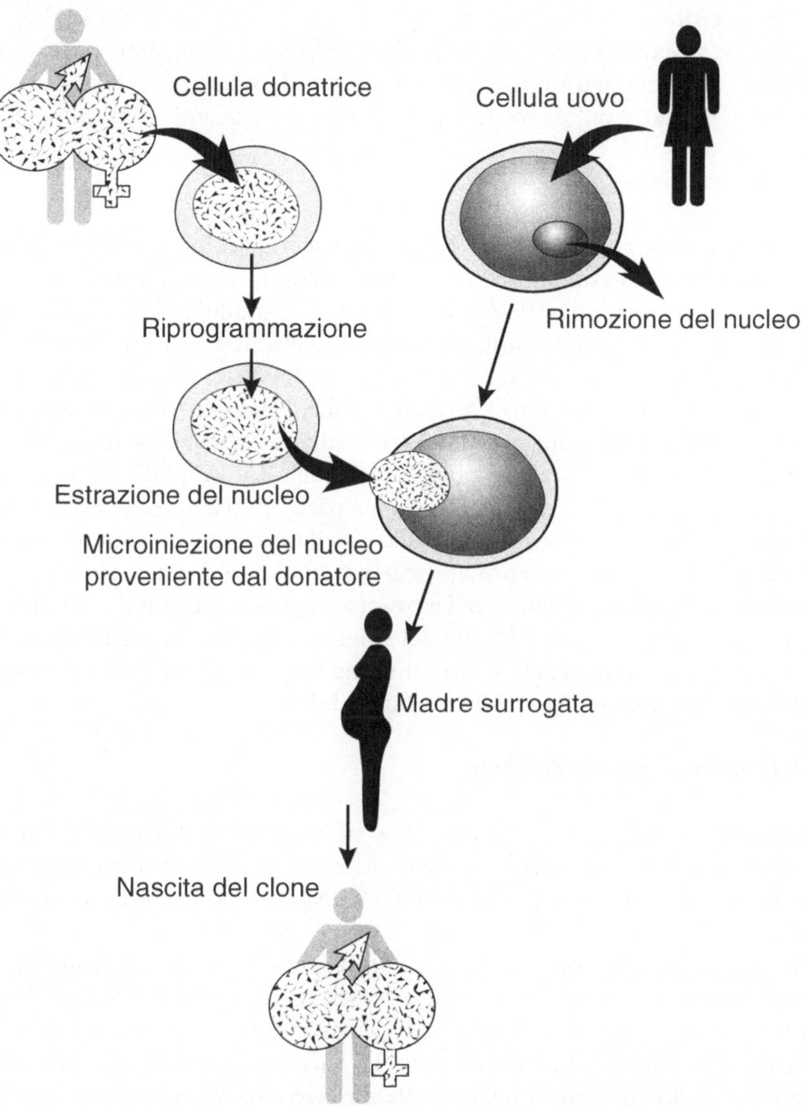

Fig. 3.9. La clonazione umana comporta una serie di fasi che comprendono l'inserimento del DNA della cellula adulta prescelta nella cellula uovo precedentemente privata del proprio DNA. La cellula uovo viene poi impiantata in una madre surrogata

umane (1. embrioni inutilizzati ottenuti mediante fecondazione *in vitro*, 2. feti umani abortiti, 3. sangue proveniente dal cordone ombelicale, 4. placenta e 5. alcuni tessuti dell'individuo adulto) sono evidenti i potenziali problemi di natura etica che deriverebbero dalla loro utilizzazione. In conclusione, l'unico tipo di cellule a poter essere preso in considerazione per un'eventuale clonazione umana sono le cellule somatiche adulte.

Come vedremo nel Capitolo 8, le cellule staminali, più che per la clonazione, possono essere utili a fini terapeutici. Esse, infatti, sono una potenziale fonte, per esempio, di nuovi neuroni per pazienti colpiti da ictus o con danni al midollo spinale, o di nuove cellule muscolari cardiache per pazienti cardiopatici.

Riprogrammazione

La cellula prelevata dal donatore è una cellula adulta e, in quanto tale, deve essere sottoposta a un complesso trattamento, definito riprogrammazione (Figura 3.9). Riprogrammare significa invertire il corso di modificazioni cellulari quali la condensazione dei cromosomi, il mascheramento di geni e altri fenomeni non del tutto chiariti. Fino a poco tempo fa questa operazione ha costituito un grande ostacolo per la clonazione da cellule adulte. Negli esperimenti su animali, la sopravvivenza degli embrioni prodotti mediante clonazione di cellule adulte riprogrammate è pari a pochi punti percentuali. Ciò implica che molte cellule devono essere processate e che la maggior parte di esse verrà scartata. Inoltre, i cloni animali che sopravvivono fino alla nascita manifestano alcuni inattesi problemi: i feti sono spesso anormalmente grandi, tanto da mettere in pericolo la salute della madre surrogata, e nei giovani animali clonati si sviluppa obesità e si verificano problemi nello sviluppo del sistema immunitario e del sistema nervoso centrale. Attualmente, gli scienziati ritengono che tali problemi derivino proprio dalla riprogrammazione delle cellule adulte.

Manipolazione genetica del clone

Qualora si volesse ottenere un clone che sia qualcosa di differente da una copia identica, sarebbe possibile effettuare ulteriori interventi, ovverosia modificare in modo specifico il genoma della cellula donatrice mediante l'introduzione di materiale transgenico. L'obiettivo potrebbe essere, per esempio, quello di "correggere" un gene della fibrosi cistica mutato (vedere Capitolo 5). A questo stadio potremmo anche introdurre vaccini transgenici: questa operazione renderebbe il clone resistente a patologie come quelle provocate dall'HIV e dal virus del papilloma umano (HPV) (vedere Capitolo 4). Successivamente, nel corso dello sviluppo *in vitro*, l'embrione precoce potrebbe essere suddiviso in un gruppo di cellule allo scopo di disporre di una riserva di più cloni.

Fecondazione (trasferimento nucleare)

Il nucleo della cellula donatrice viene iniettato in una cellula uovo preventivamente privata del proprio nucleo, producendo, quindi, la seguente situazione: la cellula uovo fornisce l'ambiente, ovvero il citoplasma, mentre il DNA nucleare proviene esclusivamente dalla cellula donatrice. Le cellule uovo umane non sono difficili da ottenere in quanto sono disponibili come cellule soprannumerarie raccolte per le procedure di IVF.

Impianto e nascita

Dopo una breve fase di sviluppo *in vitro*, l'embrione deve essere impiantato in una madre surrogata che fornisca l'ambiente per lo sviluppo fetale in quanto, a tutt'oggi, non è possibile sostenere la crescita di un feto di mammifero al di fuori dell'utero.

I feti arrivati alla nascita in seguito a clonazione umana saranno approssimativamente l'equivalente di un gemello identico del donatore (e l'uno dell'altro, se sarà stato prodotto più di un clone), ma con le seguenti importanti differenze. In primo luogo, il clone differirà dal donatore per i geni mitocondriali, in quanto questi saranno stati ereditati dalla cellula uovo. Inoltre, a differenza dei gemelli identici che si sviluppano nello stesso utero, il clone si svilupperà, ovviamente, in un utero diverso. A parte questi aspetti, non va dimenticato che tra clone e donatore esisteranno sostanziali differenze, che peraltro esistono anche tra i gemelli identici, per tutto ciò che, come accennato nel Capitolo 1, non è codificato nel genoma, in particolare lo sviluppo del cervello. In questo senso, anche eventuali cloni multipli si svilupperanno in modo diverso ancor prima della nascita.

Lo scopo della clonazione di un animale consiste nel produrre un clone geneticamente modificato da utilizzare nell'ambito della ricerca o che costituisca una variante in qualche modo migliorata rispetto all'originale. I motivi che vengono addotti per la clonazione di un essere umano sono di varia natura (Talbot, 2001): la "rinascita" di un figlio deceduto, una seconda opportunità per un adulto, la produzione di parti "di ricambio" per trapianti. Non è affatto chiaro, tuttavia, quanto la produzione di un clone, che sia quasi un gemello identico del donatore, possa soddisfare queste esigenze.

Corollario: parti di ricambio per il corpo umano

La clonazione umana pone problemi estremamente gravi di natura etica, filosofica, medica e tecnica. Il problema etico è già di per sé tremendamente difficile e si porrà in molte forme, a partire dalla clonazione umana parziale. Geni umani sono stati già inseriti in animali e piante da laboratorio senza che questo abbia creato particolari problemi. Per esempio, né una pianta di tabacco che produce una proteina umana in grado di dissolvere i coaguli sanguigni, né un topo da laboratorio che esprime l'emoglobina S umana (un modello di anemia falciforme) sembrano costituire un problema. Ma con l'aumento del numero di geni umani trasferiti in animali da laboratorio le preoccupazioni potrebbero aumentare.

Del tutto problematica è, ancor più, l'ipotesi estrema della produzione di un clone umano completo eseguita per scopi di natura medica, ovvero per il trapianto di tessuti e organi. Che succederebbe se stabilissimo che il miglior trattamento per un bambino di 10 anni affetto da fibrosi cistica (CF) sia la creazione di un suo clone dotato di un gene *CF* "corretto"? In tal modo quando il bambino crescerà avremmo a disposizione un buon ricambio di polmoni e pancreas provenienti da un gemello identico di 10 anni più giovane. Non è moralmente inaccettabile, non è di fatto un assassinio prelevare organi vitali dal "gemello" più giovane per salvare quello più grande? E se il clone non fosse mai realmente nato? Il clone potrebbe venir prodotto come feto anencefalico, impiantato in una madre surrogata non umana e allevato in una "fabbrica" di tessuti (*tissue pharm*): in tal modo, il clone con le parti di ricambio non sarebbe un'entità dotata di coscienza. Per me un'ipotesi del genere è ripugnante e inaccettabile. Tuttavia, va detto che è in procinto di essere realizzabile.

Nel Capitolo 8, ritornerò sul problema del trapianto dei tessuti. Le cellule staminali ottenute dalle placente scartate possono costituire uno strumento per curare le patologie umane mediante rigenerazione. Le leggi che vietano la clonazione potrebbero essere troppo restrittive e proibire l'utilizzazione di qualsiasi tipo di cellule staminali. Personalmente credo che nel prendere queste decisioni di tipo normativo sia categorico fare attenzione "sia al bambino che all'acqua sporca" del famoso detto!

Riepilogo

Gli strumenti molecolari disponibili consentono quasi ogni manipolazione del genoma. Possiamo sequenziare molto rapidamente anche frammenti di DNA di notevoli dimensioni. Chiarendo le funzioni dei geni, saremo anche in grado di manipolarle mediante antisenso o mediante diretta modificazione dei geni stessi. La clonazione è il processo mediante il quale i geni possono essere copiati e modificati. È addirittura possibile la clonazione di un intero organismo, e questa, in un certo senso, può essere considerata come una produzione in serie di copie del suo genoma. Questo capitolo completa lo studio degli strumenti della medicina molecolare; prenderemo ora in considerazione le applicazioni in molti differenti campi della medicina.

Bibliografia

Freeman WM, Robertson DJ, Vrana KE (2000) Fundamentals of DNA hybridization arrays for gene expression analysis. *BioTechniques* 29:1042-1055

McGlennen RC (2001) Miniaturization technologies for molecular diagnostics. *Clin Chem* 47:393-402

Mullis KB (1990) La scoperta della reazione a catena della polimerasi. *Le Scienze* 262:32-39

Talbot M (2001) A desire to duplicate. *New York Times Magazine*, Feb 4, pp 40-45

West J, Rodman DM (2001) Gene therapy for pulmonary diseases. *Chest* 119:613-617

Yan H, Kinzler KW, Vogelstein B (2000) Genetic testing – present and future. *Science* 289:1890-1892

Yudong DHe, Friend SH (2001) Microarrays – the 21st century divining rod? *Nature Med* 7:658-659

Tecnologie molecolari e patologie umane

Capitolo 4

Patologie infettive

Introduzione

Nella Parte I abbiamo considerato i principi e le tecnologie fondamentali che sono alla base della medicina molecolare. Questo capitolo sulle malattie infettive inaugura la Parte II, nella quale, con l'aiuto di specifici esempi clinici, applicheremo i principi fondamentali che abbiamo acquisito allo studio, alla diagnosi e alla terapia delle patologie. Per le malattie infettive, l'applicazione della medicina molecolare è una questione allo stesso tempo semplice e spinosa. Si pensi per un attimo ai metodi attualmente disponibili per la diagnosi e la terapia di queste malattie. Un paziente presenta segni e sintomi che, pur non essendo specifici del tipo di patologia, fanno pensare a un processo infettivo. Sappiamo che tali segni iniziali sono dovuti in parte alla risposta infiammatoria dell'organismo e in parte agli effetti tossici dell'agente infettivo stesso. L'essenza della diagnosi è l'identificazione dell'agente infettivo e questa viene ottenuta principalmente mediante la coltura in laboratorio. Terreni di coltura, piastre Petri e test biochimici sono gli strumenti tradizionali del laboratorio di microbiologia. Consideriamo ora le possibilità offerte dalla medicina molecolare. Un reperto clinico di saliva, sangue o urine viene analizzato per l'individuazione di DNA (o RNA) non umano: questo ci consente di verificare la presenza di un microrganismo e di identificarlo senza ricorrere alla coltura. La medicina molecolare inciderà drasticamente anche sul nostro repertorio di terapie delle infezioni. Stiamo spingendo gli antibiotici ai limiti delle loro possibilità, tentando di contrastare la multiresistenza acquisita. Le terapie molecolari comprendono l'antisenso, i ribozimi, i vaccini a DNA e l'immunoterapia. La distinzione tra farmaci contro gli agenti infettivi e farmaci che influiscono sul sistema immunitario potrebbe assottigliarsi nel momento in cui si tende a combinare i due tipi di terapia.

I genomi dei microrganismi

Il genoma umano è 1.000 volte più grande di un tipico genoma batterico e da 10.000 a 100.000 volte più grande di un genoma virale. Tuttavia il numero di batteri, virus, parassiti, ecc. clinicamente rilevanti è molto vasto. Catalogare le sequenze di DNA di microrganismi importanti dal punto di vista clinico è quindi un compito enorme. Alla fine del 2001, erano centinaia i microrganismi già completamente sequenziati, a partire dall'*Haemophilus influenzae* fino all'*Helicobacter pylori*, al *Treponema pallidum*, all'*Escherichia coli*, al *Mycobacterium tuberculosis* e ad altri importanti agenti patogeni umani. Nel giro di pochi anni avremo a disposizione la sequenza del genoma di molti altri microrganismi.

Da questa massa di dati in rapida crescita cosa abbiamo ricavato di utile per la terapia delle malattie infettive umane? Prima di tutto, avendo a disposizione una parte della sequenza del genoma di un microrganismo possiamo identificarlo mediante sonde a DNA. Questo tipo di test, a mio avviso, è destinato a rimpiazzare i classici sistemi basati sulle colture. La conoscenza del genoma di un microrganismo costituisce inoltre il presupposto per produrre specifiche molecole antisenso con le quali bloccarne la crescita. In alternativa, possiamo usare la conoscenza della sequenza del gene codificante per una specifica proteina allo scopo di allestire un vaccino a DNA contro il microrganismo di interesse. La genomica microbiologica ci spiega anche come i microrganismi acquisiscano la virulenza, ovvero la capacità di avere la meglio sulle forti difese dell'ospite. Conoscere il nemico è il primo passo per organizzare la difesa. Questo capitolo tratta ognuno di questi argomenti individualmente. Vedremo come la conoscenza del genoma di un microrganismo ci fornisca numerosi nuovi strumenti utili a limitare la sua patogenicità.

Evidenziazione molecolare dei microrganismi

Ogni microrganismo possiede una sequenza genomica che lo rende unico. Per sviluppare sonde molecolari utilizzabili in clinica per la diagnosi delle malattie infettive, è innanzitutto necessario avere le idee ben chiare su quali specie di microrganismi si ha intenzione di identificare. È possibile sviluppare una sonda altamente specifica per un singolo ceppo di una particolare specie batterica, oppure una sonda può essere fornita di una specificità più allargata, in grado di estendersi a più specie. Per esempio, è possibile sviluppare una sonda in grado di ibridare sequenze di DNA comuni a tutti i batteri coliformi, ma è anche possibile essere molto più specifici e individuare sequenze di DNA che siano esclusive per l'*E. coli* enterotossico. Ai fini di uno screening iniziale è auspicabile una minore specificità. Un test per lo screening in ambito microbiologico dovrebbe tener conto di un ampio ventaglio di possibili microrganismi, magari in qualche modo circoscritto dai sintomi e dai reperti fisici. Si potrebbe sviluppare un chip a DNA per sondare un vasto gruppo di situazioni di tipo diarroico associate a infezioni, o in alternativa per un gruppo di infezioni delle vie aeree. Il chip, o un'altra tecnica molecolare, richiederebbe una miscela di numerose sonde per batteri e virus differenti. Un risultato positivo ottenuto mediante un metodo di screening potrebbe, quindi, essere seguito dall'applicazione di un metodo molto più specifico, come la tipizzazione di un ceppo di una specie di salmonella implicata in un quadro di intossicazione alimentare. Le sonde per la diagnosi delle malattie infettive possono essere dirette contro il genoma a DNA o a RNA del microrganismo; tuttavia, in qualche caso, altri componenti del microrganismo costituiscono dei bersagli migliori. Nei batteri, per esempio, l'RNA ribosomiale, che è presente in un gran numero di copie per singolo batterio, può costituire un bersaglio migliore del DNA, che è presente solo in singola copia. I nostri metodi di identificazione molecolare dei microrganismi possono essere estesi anche alla caratterizzazione dei loro profili di resistenza agli antibiotici: la resistenza agli antibiotici è, infatti, codificata nel genoma dei batteri per lo più da geni contenuti in plasmidi.

La sensibilità delle tecniche molecolari per il rilevamento di microrganismi è di solito molto superiore a quella delle tradizionali tecniche di coltura. Un metodo basato sulla PCR fornirà un risultato positivo in presenza di un numero anche esiguo di microrganismi. È indice di una tubercolosi in atto la presenza di un singolo micobatterio nella saliva? Rispetto a questo problema è necessaria un'adeguata esperienza clinica, accompagnata dall'abilità nel correggere la sensibilità delle tecniche molecolari a favore di ciò che è effettivamente significativo e dalla capacità di interpretare i dati.

Le tecniche di evidenziazione molecolare possono basarsi su diversi sistemi di ibridazione a seconda della specifica applicazione. L'ibridazione *in situ* permette di visualizzare in una sezione microscopica una sonda marcata con un colore. Si osservi la Figura 7.8, nella quale è mostrata un'ibridazione *in situ* con una sonda specifica per il virus del papilloma umano (HPV). In questo caso si vuole stabilire quali tessuti mostrino una persistente presenza del virus, dato che esso provoca il rischio che si sviluppi un carcinoma della cervice uterina. Altri metodi basati sull'ibridazione utilizzati per il rilevamento di agenti infettivi includono la chemiluminescenza o l'uso di sferette ferromagnetiche in sospensione liquida. Oligonucleotidi fissati in siti specifici di un substrato solido (chip a DNA) costituiscono la gamma più estesa di sonde multiple. Le sonde a DNA possono non solo identificare un microrganismo, ma anche riconoscere specifici ceppi rendendo possibile rintracciare il focolaio infettivo. Le sonde a DNA possono anche identificare forme farmacoresistenti. La futura automatizzazione dei metodi di diagnosi molecolare delle malattie infettive dovrebbe ridurre in maniera molto consistente sia il costo dei test che i tempi necessari per l'identificazione dei microrganismi. Come per molti altri ambiti di applicazione delle tecnologie molecolari che tratteremo in questo libro, la maggiore limitazione verrà dal tempo che impiegheremo ad adattare la pratica e l'esperienza clinica a questi nuovi strumenti.

Esempio: i micobatteri

I metodi di rilevamento molecolare adottati nei laboratori microbiologici ospedalieri vengono correntemente applicati soprattutto per l'individuazione di microrganismi di difficile coltivazione o a lenta crescita, come i micobatteri. Mediante sonde molecolari, le cellule di *M. tuberculosis* possono essere rilevate nel giro di alcune ore, mentre le classiche colture possono richiedere da tre a sei settimane per fornire un risultato. In tal senso sono risultati efficaci due metodi per la diagnosi della tubercolosi basati sull'amplificazione degli acidi nucleici, entrambi approvati dalla *Food and Drug Administration* (FDA), sviluppati rispettivamente dalla Gen-Probe (San Diego, CA) e dalla Roche (Branchburg, NJ). Attualmente sono in fase di sviluppo *microarrays* a DNA per il rilevamento dei micobatteri. I *microarrays* sono potenzialmente in grado di rilevare i batteri, di identificare le specie e di individuare mutazioni associate alla resistenza all'antibiotico rifampicina in un unico rapido saggio.

HIV: monitoraggio molecolare di un'infezione

Il virus a RNA denominato HIV (*Human Immunodeficiency Virus*, virus dell'immunodeficienza acquisita umana) è l'agente eziologico del prototipo delle malattie infettive "molecolari". È ormai noto che la misteriosa sintomatologia e l'inspiegabile epidemiologia che comparivano sin dall'inizio sotto il nome di sindrome da immunodeficienza acquisita o AIDS (*Acquired Immune Deficiency Syndrome*) contraddistinguono una malattia causata da un virus. Mediante test diagnostici molecolari è possibile evidenziare e quantificare l'HIV e anche seguirne la diffusione. L'HIV e la medicina molecolare sono cresciuti insieme. In mancanza delle tecnologie molecolari non avremmo scoperto il virus. D'altra parte, senza l'urgenza dettata dalla diffusione su scala mondiale dell'HIV, la medicina molecolare non si sarebbe sviluppata così rapidamente. I test standard per il monitoraggio delle infezioni da HIV costituiscono le tecniche molecolari più avanzate nella clinica di laboratorio.

La cinetica dell'infezione da HIV non trattata, per quanto abbastanza variabile, è riassunta nella Figura 4.1. Un'infezione acuta lievemente sintomatica si manifesta in un lasso di tempo che va da due a quattro settimane dopo l'esposizione al virus. A questo punto il virus si è rapidamente moltiplicato avendo incontrato una minima resistenza da parte del sistema immunitario. Nel sangue può essere rilevato un altissimo numero di particelle virali, fino a un massimo di 10^6-10^7/µl. Nel giro di poche settimane l'infezione si attenua, gli anticorpi fanno la loro comparsa nel siero e la carica virale decresce rapidamente. Dopo tre o quattro mesi dall'inizio dell'infezione, la carica virale è al suo pun-

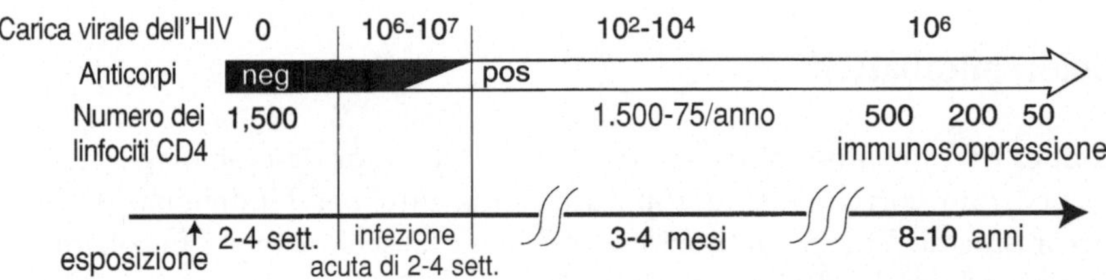

Fig. 4.1. L'andamento temporale dell'infezione da HIV è caratterizzato da una fase acuta con rapida proliferazione del virus. Nel giro di sei settimane il sistema immunitario inizia a produrre anticorpi e la carica virale crolla. Segue una lunga fase cronica, con il virus tenuto sotto controllo dal sistema immunitario. Infine, una perdita di linfociti CD4 (circa 75 unità per µl per ogni anno) porta a uno stato di immunosoppressione

Tabella 4.1. Saggi molecolari utilizzati nell'infezione da HIV

Sierologia virale – evidenziazione mediante ELISA (*Enzyme-Linked ImmunoSorbent Assay*); conferma mediante *Western blot*
Conteggio dei linfociti T *helper* CD4 – misura il grado di immunosoppressione
Valore della carica virale – predittivo dell'evoluzione dell'infezione; rileva la risposta alla terapia farmacologica o il suo fallimento
Saggio di genotipizzazione virale – rivela la sensibilità ai farmaci; tipizzazione del ceppo virale a fini epidemiologici
Saggio di fenotipizzazione virale – quando necessario conferma la sensibilità ai farmaci

to più basso, con un valore tipicamente compreso tra 10^2 e 10^4/μl. I linfociti T *helper* CD4 sono, all'interno del sistema immunitario, le cellule bersaglio del virus HIV, ma il loro numero rimane normale per un lungo periodo di tempo dopo l'inizio dell'infezione. Il conflitto tra virus e sistema immunitario può abbassare la quota di CD4 con una velocità pari a 75 unità per μl ogni anno. Da otto a dieci anni dopo l'inizio dell'infezione, la quota di CD4 crolla a livelli tali da produrre una gravissima immunodeficienza: è in questa fase che si innestano le infezioni opportunistiche e le neoplasie. I test molecolari (quelli attualmente disponibili sono elencati nella Tabella 4.1) sono fondamentali per il monitoraggio del trattamento dell'infezione da HIV. Un test chiave è costituito dalla misurazione della carica virale: la carica virale iniziale è indicativa della durata della fase asintomatica cronica dell'AIDS e le sue variazioni stabiliscono anche l'inizio del trattamento farmacologico e le eventuali modifiche da apportare. Oltre al conteggio del numero delle particelle virali, è possibile sequenziare il genoma di 9.2 kilobasi (kb) dell'HIV. Questo virus non è dotato di un meccanismo di correzione *proofreading* e, pertanto, gli errori commessi quando il suo genoma a RNA viene retrotrascritto in DNA non vengono corretti. Ne consegue un alto tasso di mutazione che rende possibile l'acquisizione di farmaco-resistenza. Saggi di genotipizzazione dell'HIV condotti mediante l'uso di chip a DNA, o con altre tecnologie, consentono di identificare specifici ceppi virali e di definire il loro probabile profilo di farmacosensibilità. I saggi fenotipici richiedono tempi più lunghi ma possono fornire una prova diretta della farmacosensibilità di un virus isolato da un paziente. In questo caso, il virus viene fatto crescere in presenza di diversi farmaci in modo da quantificare l'inibizione della replicazione virale.

La pandemica diffusione dell'HIV ha monopolizzato l'attenzione generale e trattazioni più complete dei vari aspetti di questa malattia sono ampiamente disponibili. Questa mia breve presentazione ha l'unico scopo di introdurre le tecnologie molecolari che sono state potenziate in funzione della diagnosi e del trattamento dell'infezione da HIV. Altre infezioni virali croniche potranno giovarsi di questo tipo di tecnologie diagnostiche. Per esempio, il monitoraggio dell'epatite C, causata dall'HCV (*Hepatitis C Virus*), si avvale già di analoghi strumenti per il calcolo della carica virale e per la genotipizzazione del virus.

Terapia molecolare delle patologie infettive

La medicina molecolare ci fornisce molti nuovi strumenti con i quali combattere le malattie infettive (appena in tempo, secondo la mia opinione: l'insorgenza di nuovi agenti infettivi con un più ampio spettro d'ospite e un'aumentata antibioticoresistenza è terrorizzante). Tratteremo brevemente alcuni di questi strumenti molecolari, che sono tutti a vari stadi della ricerca o nelle prime fasi di sperimentazione clinica. La Tabella 4.2 elenca le caratteristiche di tutti gli strumenti molecolari che verranno trattati in questo capitolo.

Antisenso

Gli oligonucleotidi antisenso sono stati presentati nel Capitolo 3 come uno strumento per inattivare l'espressione genica. Possiamo utilizzarli altrettanto facilmente per interferire con i geni virali, specialmente quelli per la replicazione. La Figura 3.7 ci ricorda che ciò di cui abbiamo bisogno è la presenza di un oligonucleotide nel citoplasma cellulare: come farcelo arrivare è l'attuale problema della tecnologia dell'antisenso. Se somministriamo l'antisenso per via endovenosa, gli enzimi presenti nel siero lo degraderanno rapidamente. Per risolvere questo problema è possibile stabilizzare chimicamente l'oligonucleotide. Si tratta, tuttavia, di una molecola incapace di attraversare con facilità la membrana cellulare. È possibile farle attraversare la membrana racchiudendola in un involucro, come per esempio un liposoma, che la cellula è in grado di assorbire. Una soluzione migliore è quella rappresentata dal trasferimento dell'antisenso nella cellula come parte integrante di un vettore di espressione. Si costruisce un vettore contenente un frammento di DNA che, quando viene trascritto, produce l'RNA antisenso desiderato. Il vettore si lega ai recettori sulla cellula bersaglio, per esempio i recettori CD4 sui linfociti T *helper*. Queste cellule inglobano il vettore e l'antisenso incomincia a esprimersi nel loro citoplasma con la conseguenza di interferire con la replicazione dell'HIV. La stessa strategia, sia pure con un diverso vettore, potrebbe essere utilizzata anche per inibire l'HCV negli epatociti. Questa soluzione ci garantisce una stabile espressione

Tabella 4.2. Strumenti molecolari per la lotta alle malattie infettive

Antibiotico – farmaco che interferisce con la biochimica del microorganismo, per es. la penicillina (interferisce con la sintesi della parete cellulare batterica)

Antisenso – molecola di RNA che inibisce l'espressione di un gene del microorganismo, per es. nelle terapie sperimentali contro l'HIV

Ribozima – molecola di RNA che catalizza la distruzione del gene del microorganismo, per es. nella ricerca su HIV e su HCV

Proteina "anti-infezione" – proteina che arresta il metabolismo microbico, per es. la proteina recettoriale CD4 solubile che lega l'HIV prima che quest'ultimo si leghi al linfocita, o le proteine dell'immunità innata poste sullo strato superficiale delle mucose (defensine)

Anticorpo intracellulare a singola catena, intracorpo – per es. l'anticorpo contro l'oncoproteina erbB2

Vaccino a DNA – per es. il vaccino contro il virus del papilloma umano intracellulare di una molecola di RNA antisenso inibitoria. La distinzione tra un vettore di espressione contenente una sequenza antisenso e un **vaccino a DNA** (che tratteremo fra breve) è sottile ma importante. Con i vaccini a DNA vengono trasferite sequenze geniche codificanti per un frammento di un antigene virale, allo scopo di sensibilizzare il sistema immunitario. L'inibizione del virus per mezzo dell'antisenso non coinvolge il sistema immunitario per portare a termine l'eliminazione del virus stesso. Un'estensione dell'uso dell'antisenso prevede l'inserimento del vettore di espressione nella linea germinale della pianta o dell'animale che si vuole rendere permanentemente resistente a un virus. Questa è la tecnica attualmente utilizzata per produrre alcune piante geneticamente modificate.

Ribozimi

Un enzima è una proteina che catalizza una reazione biochimica mentre un **ribozima** è un RNA che catalizza una reazione biochimica. I ribozimi sono stati scoperti molto dopo gli enzimi. Il fatto che l'RNA potesse essere anche qualcosa di diverso da un semplice intermediario tra DNA e proteina è rimasto a lungo sconosciuto. Un'ipotesi del genere era contraria al dogma vigente nei primi anni della biologia molecolare (il cosiddetto "dogma centrale della biologia molecolare"), il quale affermava che l'informazione passa esclusivamente dal DNA all'RNA e da questo alla proteina. Abbiamo attualmente ragione di credere che nell'evoluzione della vita i geni a RNA e i ribozimi abbiano, in realtà, preceduto il DNA e le proteine.

È possibile usare i ribozimi come agenti terapeutici contro le malattie infettive. Le molecole di RNA sono più facili da manipolare e da sintetizzare di quanto non lo siano le molecole proteiche. La Figura 4.2 mostra un ribozima ingegnerizzato. Una parte dell'RNA è costruita come un un'antisenso complementare a una sequenza bersaglio contenuta in un'altra molecola di RNA: il legame tra le due sequenze complementari mantiene il ribozima nella giusta posizione. In corrispondenza di una particolare tripletta all'interno della sequenza bersaglio, la componente catalitica del ribozima taglia il filamento bersaglio stesso, inattivandolo, quindi, permanentemente.

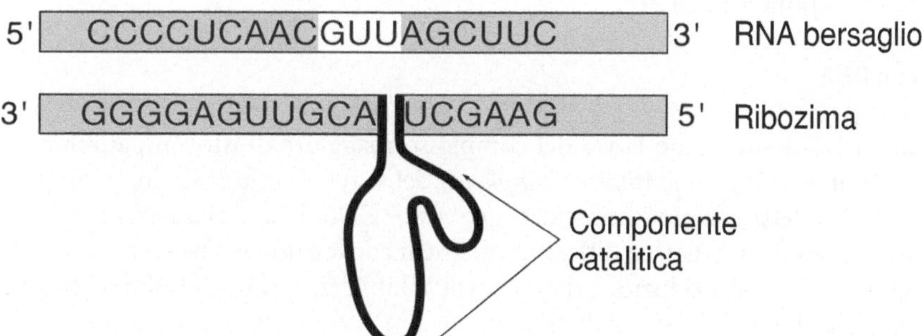

Fig. 4.2. I ribozimi consistono in brevi frammenti di RNA che si legano a specifici bersagli su molecole di RNA e li degradano

I ribozimi (al pari degli enzimi) non vanno incontro a esaurimento svolgendo il proprio compito e quindi, dopo aver tagliato un bersaglio, sono ancora disponibili a staccarsi dal substrato, a trovarne un'altra copia, un'altra ancora, e così via. Il legame del ribozima è altamente specifico: a parte qualche piccolo "danno collaterale", si può essere sicuri che il bersaglio venga colto. Essendo costituiti da RNA, i ribozimi, una volta inoculati, non si comportano come antigeni (come invece farebbero le proteine); d'altra parte, purtroppo, nell'organismo vengono rapidamente degradati, così come avviene per gli RNA naturali. Per trasformare queste molecole in utili strumenti terapeutici è pertanto necessario trovare un sistema di stabilizzazione in grado di sottrarli alla degradazione enzimatica nel siero.

Proteine "anti-infezione"

La somministrazione di siero immune è una delle più antiche terapie di tipo immunologico. La corsa delle slitte trainate da cani denominata "The Alaskan Iditarod"[1] è la commemorazione di un'impresa, svoltasi nel 1925, che aveva l'obiettivo di recapitare alcune dosi di siero antidifterico a Nome, una piccola città dell'Alaska. Attualmente la terapia a base di immunoglobuline è usata solo in qualche rara occasione; esempi in tal senso sono l'antitossina botulinica e il siero contro il veleno dei serpenti. Tuttavia, grazie alle tecnologie molecolari, non dovrebbe essere difficile produrre grandi quantità di immunoglobulina pura specifica per un antigene e gli antisieri potrebbero, quindi, tornare a essere un utile strumento.

Anticorpi intracellulari a singola catena: gli intracorpi

La manipolazione dei geni degli anticorpi permette l'ingegnerizzazione di un costrutto codificante per una molecola anticorpale modificata, composta da una singola catena aminoacidica ed espressa all'interno del citoplasma della cellula. Questi anticorpi artificiali sono chiamati **intracorpi**. La loro espressione intracitoplasmatica li rende efficaci contro bersagli che non possono essere "visti" dalle normali immunoglobuline dislocate sulla superficie dei linfociti o libere nel siero. Gli intracorpi possono aggredire proteine citoplasmatiche come le oncoproteine o i componenti dell'HIV.

Vaccini a DNA

I vaccini a DNA stimolano la via del complesso maggiore di istocompatibilità I, o MHC I (*Major Histocompatibility Complex I*) del sistema immunitario, le cui principali cellule effettrici sono i linfociti T *suppressor* CD8. I vaccini a DNA innalzano l'immunità cellulo-mediata, a differenza di quelli convenzionali che stimolano l'immunità umorale e la produzione di anticorpi solubili (immunoglobuline) attraverso la via dell'MHC II. I vaccini convenzionali sono costituiti da microrganismi, sia

---

[1] NdT. "Iditarod" deriva da un'antica espressione della lingua locale che significava "luogo lontano".

vitali attenuati che uccisi, o da proteine purificate provenienti dalle strutture superficiali del microrganismo stesso. I vaccini a DNA determinano la risposta dell'MHC I mediante la presentazione intracellulare dell'antigene e pertanto costituiscono una novità poichè, prima dello sviluppo delle tecnologie molecolari, la presentazione intracellulare dell'antigene non era una cosa facile da ottenere. I vaccini a DNA sono costituiti da un vettore che contiene un frammento del genoma codificante per l'antigene di interesse. Il vettore trasporta questo frammento di DNA all'interno della cellula e ne determina l'espressione. Ciò significa che il frammento deve essere fornito di un promotore ed eventualmente di altri elementi che ne inducano l'espressione. L'espressione del frammento genico del vaccino porta alla sintesi di una proteina che costituisce l'antigene intracellulare in grado di stimolare la risposta immunitaria cellulo-mediata. Un altro metodo per introdurre il frammento di DNA ingegnerizzato nella cellula è quello basato sull'uso della *gene gun* ("pistola genica"), con la quale i frammenti di DNA vengono "sparati" nella pelle, ottenendo che almeno una parte di essi penetri nelle cellule. Qualunque sia il metodo, il punto chiave è ottenere che un frammento di DNA entri in una cellula in modo da poter essere tradotto in un frammento di proteina, la quale possa essere, a sua volta, riconosciuta come antigene. La Tabella 4.3 elenca le differenze tra i vaccini a DNA e quelli convenzionali, assumendo, a fini esplicativi, che un vaccino sia o a DNA o convenzionale. In effetti, la vaccinazione basata su frammenti di DNA inseriti nel muscolo mediante la *gene gun* determina la risposta sia di MHC I che di MHC II con vario grado di intensità. I vaccini convenzionali basati su virus vitali attenuati hanno anche un'azione alternativa in quanto stimolano, in una qualche misura, l'immunità cellulo-mediata. Il sistema immunitario è veramente complicato!

Per molte malattie, come il morbillo, la parotite o l'influenza, i vaccini convenzionali funzionano. Per altre malattie, come l'infezione da HIV o la malaria, oppure per una prolungata protezione dall'influenza, è necessaria una risposta immunitaria cellulo-mediata come quella prodotta dai vaccini a DNA. La principale esigenza che ha portato allo sviluppo dei vaccini a DNA è proprio quella di ottenere la stimolazione dell'immunità cellulare anzichè di quella umorale. Tuttavia, i vaccini a DNA presentano altri importanti vantaggi. Essi sono stabili a temperatura ambiente mentre, generalmente, i vaccini convenzionali devono

Tabella 4.3. Differenze tra i vaccini a DNA e quelli convenzionali

Vaccino a DNA	Vaccino convenzionale
Immunità cellulo-mediata MHC I	Immunità umorale associata a MHC II
Linfociti T *suppressor* CD8+	Linfociti T *helper* CD4+ e anticorpi solubili
Antigene proteico intracellulare	Antigene proteico extracellulare
Somministrazione mediante un vettore o mediante *gene gun*	Iniezione sottocutanea, endovenosa o intramuscolare, o somministrazione per via orale
HIV, HCV, HPV, malaria	Morbillo, parotite, influenza

MHC, complesso maggiore di istocompatibilità; HCV, virus dell'epatite C; HIV, virus dell'immunodeficienza umana; HPV, virus del papilloma umano essere conservati a bassa temperatura o risultano labili dopo la ricostituzione. Inoltre, la produzione dei vaccini a DNA utilizza una tecnologia simile per tutti i vaccini: è solo diverso il frammento di DNA inserito che codifica per l'antigene. I vaccini convenzionali, invece, differiscono molto per le modalità di preparazione.

Presenteremo ora alcuni esempi di terapie di malattie infettive basate sull'uso di questi nuovi strumenti molecolari. Sebbene tali terapie siano ancora allo stadio di sviluppo o di ricerca, è già possibile apprezzarne l'efficacia e le future potenzialità.

Esempio: il virus dell'influenza

L'ubiquitario virus dell'influenza, causa di epidemie annuali debilitanti e a volte mortali, è un virus con un genoma a RNA a singolo filamento. Questo virus muta rapidamente, modificando le proteine altamente polimorfiche del suo involucro. Vaccini che generano anticorpi neutralizzanti contro queste proteine costituiscono una prevenzione efficace, ma è necessario produrre i vaccini tutti gli anni, prevedendo i ceppi che con maggiore probabilità causeranno la malattia nella successiva stagione. Pertanto, una nuova vaccinazione con un vaccino aggiornato si rende necessaria ogni autunno. Oltre alla vaccinazione, farmaci antivirali come l'amantidina e la rimantidina o gli inibitori della neuramminidasi, come il zanamivir, possono contenere la malattia purché somministrati subito dopo l'esposizione al virus o l'insorgenza dei sintomi. Quando si manifesta l'influenza, i pazienti ricorrono ai prodotti sintomatici da banco o si rivolgono al medico al quale richiedono la prescrizione di antibiotici. Tutto ciò costituisce un complesso meccanismo teso a contrastare una malattia che debilita milioni di persone e in qualche caso conduce a morte. Si consideri, come esempio di nuove terapie molecolari, un ipotetico vaccino a DNA contro l'influenza. Compito di tale vaccino sarebbe quello di indurre una protezione a lungo termine contro un gran numero di diversi ceppi virali, rendendo la vaccinazione un evento *una tantum*. Per un vaccino a DNA contro l'influenza, l'antigene prescelto dovrebbe corrispondere a qualche regione del genoma del virus dell'influenza che risulti altamente conservata tra i ceppi virali. Sono da evitare i geni delle proteine di rivestimento, dato che proprio questi costituiscono la parte altamente mutata del genoma che mette fuori gioco la vaccinazione convenzionale. I geni verosimilmente più conservati sono quelli dell'emoagglutinina, della neuramminidasi e delle nucleoproteine. Numerosi studi hanno dimostrato che i vaccini a DNA costituiti da plasmidi contenenti uno di questi geni conferiscono una protezione contro un gran numero di aggressori virali in topi, polli, maiali e altri animali da allevamento. A questo proposito, è utile che i medici si rendano conto che la diagnostica e la terapia molecolari delle malattie infettive sono in uno stadio molto più avanzato nell'ambito della medicina veterinaria che in quello della medicina umana.

Con una maggiore quantità di prove sperimentali e trial clinici effettuati, credo che i vaccini a DNA contro l'influenza si aggiungeranno agli strumenti attualmente a nostra disposizione o addirittura li sostituiranno. I vantaggi di una vaccinazione *una tantum,* basata su un prodotto che non richiede refrigerazione e che può essere somministrato mediante il semplice uso di una *gene gun,* sono evidenti. Un siffatto vaccino a DNA potrebbe arrivare ad avere una larghissima diffusione, consentendo un'enorme espansione della popolazione coperta. Se i soggetti resistenti all'infezione dovessero raggiungere un numero sufficientemente elevato, l'annuale ciclo di epidemia influenzale potrebbe essere definitivamente interrotto.

Esempio: il virus dell'epatite C

L'infezione da virus dell'epatite C è la principale causa di epatite cronica e cirrosi: esso colpisce fino al 3% della popolazione mondiale. L'infezione acuta da HCV si cronicizza nell'80% dei casi, quasi la metà dei quali si conclude con una totale perdita della funzionalità epatica. L'HCV (come l'HIV) muta rapidamente e, pertanto, un classico vaccino contro le proteine dell'involucro non può essere molto efficace. Esistono almeno sei diversi genotipi di HCV con una diversa distribuzione geografica: l'1a è frequente nell'America del Nord e in Europa, mentre l'1b e il 2 sono frequenti in Asia (è nota l'associazione tra il genotipo 1 e una minore risposta alla normale terapia con interferone).

L'HCV è un virus con un genoma a RNA a singolo filamento lungo 9.500 nucleotidi, contenente un singolo ORF che codifica per varie proteine strutturali e funzionali. La Figura 4.3 mostra le principali caratteristiche del genoma dell'HCV. L'ORF viene tradotto in un lungo polipeptide che viene successivamente segmentato in diverse proteine strutturali e funzionali. Bisogna, quindi, pensare al polipeptide come a uno stampo con una serie di segmenti destinati a essere rimossi secondo una strategia comune a molti genomi virali. La traduzione del genoma dell'HCV è sotto il controllo di una struttura chiamata IRES (*Internal Ribosome Entry Site,* sito interno di ingresso del ribosoma) che è posta in prossimità dell'estremità 5' del genoma (Fig. 4.3). La conoscenza del genoma costituisce la base per lo sviluppo di numerosi nuovi approcci terapeutici.

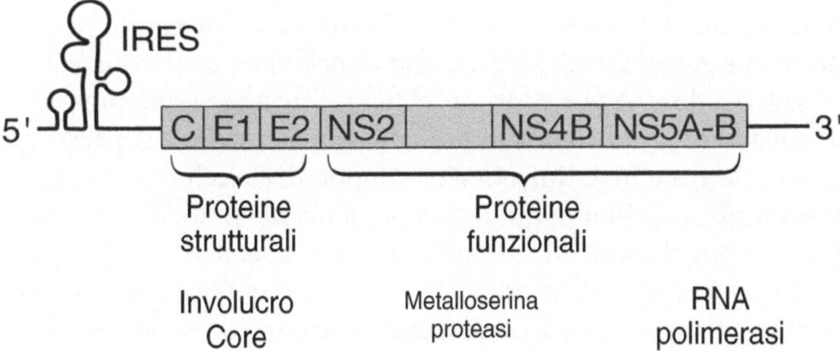

Fig. 4.3. Il genoma del virus dell'epatite C contiene tipiche strutture quali elementi regolatori (sito interno di ingresso del ribosoma, IRES) e geni codificanti per proteine strutturali e funzionali. (Vedere anche Wang and Heinz, 2000)

Le strategie per la terapia molecolare dell'infezione da HCV includono quasi tutte le modalità che abbiamo già trattato. Un vaccino per la terapia o la prevenzione deve superare il problema costituito dalla forte tendenza del virus a mutare. I vaccini a DNA che presentano l'antigene all'interno della cellula per stimolare la risposta dei linfociti citotossici CD8 sono promettenti, e alcuni di essi sono già inseriti in trial clinici. Potrebbe essere necessario somministrare questi vaccini insieme a citochine adiuvanti, in modo da dare un ulteriore impulso alla risposta immunitaria, ed è anche ragionevole pensare che possa essere utile provocare l'innalzamento della risposta immunitaria indotta da vaccino con un altro trattamento antivirale.

Oltre ai vaccini, agenti anti-HCV in fase di studio sono l'RNA antisenso e i ribozimi. La regione IRES del genoma dell'HCV è un bersaglio ideale per tali agenti, dato che questa regione del genoma è simile (altamente conservata) nei vari genotipi ed è relativamente immutabile, e inoltre ha il compito di avviare l'espressione dell'intero genoma virale. Strutture liposomiche assorbite dalla cellula possono recapitare molecole antisenso contro questa regione. In alternativa, un adenovirus, o un altro tipo di vettore, può recapitare un frammento di DNA ingegnerizzato all'interno della cellula perché venga trascritto in un RNA antisenso. Un ribozima che tagli una zona critica della regione IRES costituisce un'altra possibile soluzione.

Oltre all'aggressione alla struttura genomica dell'HCV, è possibile rivolgersi all'inibizione delle sue proteine funzionali. Come per l'HIV, sostanze che inibiscono le proteasi o l'RNA polimerasi dell'HCV possono portare a un duraturo contenimento del virus. Questi agenti dovrebbero verosimilmente lavorare al meglio quando utilizzati in combinazione con vaccini o RNA antisenso e ribozimi.

La ricerca sulla terapia molecolare dell'HCV procede in parallelo con quella dell'HIV e di molti altri virus. Questo è un fatto positivo perché stiamo trovando un filo conduttore nella terapia molecolare: conoscere il genoma di un agente infettivo vuol dire sapere come aggredirlo.

Corollario: i vaccini infettivi

Si immagini il seguente scenario. A un certo punto, nel prossimo futuro, viene reso disponibile un vaccino a DNA contro l'HIV. Un consorzio internazionale di compagnie farmaceutiche guidato dagli Stati Uniti annuncia che può produrre il vaccino al costo di 20 dollari a dose. A tale costo verrebbero distribuite unità monodose sterili in siringhe, sulla base di un elenco di precedenze e iniziando dai paesi che hanno contribuito con ricerca e investimenti allo sviluppo del vaccino stesso. Il consorzio prevede la produzione di 50 milioni di dosi per il primo anno. Il leader di un paese africano con una popolazione di 120 milioni di persone, il 20% delle quali colpite dall'HIV, afferma che ciò è inaccettabile. Questo leader è giunto recentemente al potere in seguito a un moto rivoluzionario, provocato in parte dalla crisi sanitaria. Il ministro della sanità di tale paese, un medico di ottima reputazione, amplifica le dichiarazioni del presidente annunciando che inizieranno in breve tempo la distribuzione di una versione infettiva del vaccino contro l'HIV. Un vaccino infettivo consiste in un microrganismo costruito in modo da trasmettersi da persona a persona allo scopo di indurre l'immunità contro uno specifico antigene. Lavorando in un laboratorio allestito dall'Organizzazione Mondiale della Sanità (OMS) e requisito durante la recente rivoluzione, egli, insieme ai suoi collaboratori, ha inserito nel virus dell'influenza il DNA che induce l'immunità contro l'HIV mediata dai linfociti T. Il virus infettivo portatore del vaccino a DNA verrebbe presto introdotto in campi di rifugiati posti ai confini del paese. Tali rifugiati verrebbero quindi rilasciati perché diffondano l'influenza, col suo carico di vaccino a DNA contro l'HIV, nelle regioni circostanti. Questo, dichiara il ministro della sanità, è l'unico modo economicamente sostenibile e pratico di fornire il vaccino ai 120 milioni di abitanti del suo paese. Egli inoltre offre il vaccino infettivo portato dal virus dell'influenza modificato ai ministeri della sanità di altri paesi del terzo mondo.

I problemi scientifici insiti nello scenario appena descritto sono di vasta portata, in particolare il rischio di una mutazione del virus infettivo che lo renda virulento anziché protettivo. Al di là dei problemi scientifici, emergono problemi sociali ed etici di gran lunga superiori. Crescendo e diffondendosi le capacità tecniche relative alla biologia molecolare, aumentano parallelamente sia i benefici che i rischi da esse derivanti. Un vaccino infettivo è, infatti, molto simile, dal punto di vista tecnico, a un agente infettivo costruito per diffondere una malattia: un atto di terrorismo biologico!

Molti individui, se non la maggior parte, acquisiscono immunità ai virus in seguito a infezioni subcliniche o lievi. In tal senso, molte persone sono state immunizzate da un "vaccino infettivo". Fornire i vaccini a un gran numero di persone è un'impresa complessa e costosa mentre, in teoria, l'adozione di un vaccino infettivo permetterebbe di fornire l'antigene a un gran numero di persone in modo rapido ed economico.

Un altro approccio, che ha richiesto molto tempo per lo sviluppo ma che sta incominciando a dare i suoi frutti (nel vero senso della parola), consiste nei vaccini eduli (Langridge, 2000). La "banana epatite B" o la "patata rotavirus" sono alcuni degli obiettivi di questo approccio. Le piante transgeniche che esprimono nelle loro parti eduli antigeni microbiologici bioingegnerizzati costituiscono una forma di vaccinazione più sicura. La pianta può essere coltivata in loco, distribuita non appena prodotta e consumata anche nei luoghi più arretrati, proprio dove la vaccinazione è maggiormente necessaria.

Predisposizione genetica alle infezioni

Perché, dopo un'esposizione apparentemente identica a un agente patogeno infettivo, alcune persone si ammalano e altre no? Il microrganismo può anche essere lo stesso, ma l'ospite senz'altro non lo è. I fattori relativi all'ospite sono complessi e non possono essere studiati in una piastra Petri, come avviene per i batteri. Le tecnologie molecolari, tuttavia, hanno dischiuso la porta verso lo studio della predisposizione genetica alle infezioni, specialmente ora che sono

Tabella 4.4. Polimorfismi genetici predisponenti alle infezioni

Mutazioni nel gene del recettore dell'interferone γ rendono mortali le infezioni da micobatteri solitamente non patogeni

Polimorfismi nel gene del fattore di necrosi tumorale sono associati alla suscettibilità alla malaria e ad altre infezioni

Mutazioni nei geni dell'emoglobina o degli enzimi degli eritrociti sono associate a una relativa resistenza alla malaria, come per es. nell'anemia falciforme

Polimorfismi nel gene del recettore delle chemochine provocano il ritardo o impediscono l'insorgenza della malattia sintomatica in soggetti infetti da HIV

La proteina 1 dei macrofagi associati alla resistenza naturale influisce sull'infezione da micobatterio della tubercolosi

Polimorfismi nei geni delle lectine leganti il mannosio alterano la suscettibilità all'infezione da meningococco

Da Kwiatkowski (2000)

disponibili le sequenze sia del genoma umano sia di quello di molti microrganismi. La suscettibilità alle infezioni è una realtà indubbiamente multifattoriale alla quale il fattore genetico contribuisce solo in parte. Nondimeno, è possibile incominciare ad apprezzare i caratteri poligenici individuali dai quali specifici microrganismi possono trarre vantaggio. La Tabella 4.4 elenca alcuni esempi di polimorfismi genetici che influenzano la suscettibilità alle infezioni. Questo è un campo nel quale, ora che ne abbiamo i mezzi, ci stiamo appena addentrando.

I prioni

I **prioni** sono proteine che hanno la capacità di modificare la forma e la funzione di altre proteine. Se fossero semplicemente questo, sarebbero chiamati enzimi, ma le modifiche provocate si traducono in insidiose patologie neurologiche e, pertanto, i prioni potrebbero essere considerati come delle tossine. I prioni, però, hanno anche la straordinaria prerogativa di produrre copie di se stessi a partire da altre proteine: in altre parole, si riproducono. Di conseguenza, molti considerano i prioni alla stregua di agenti infettivi, per cui essi rappresenterebbero gli unici patogeni infettivi conosciuti che non contengono DNA o RNA.

La proteina prionica (PrP^C) è codificata da un gene cromosomico. Quando la proteina normale si trova in prossimità della sua variante patogena, denominata PrP^{Sc}, assume la forma propria di quest'ultima. Le due proteine hanno la stessa sequenza aminoacidica e, in effetti, la forma anormale di PrP^{Sc} è la conseguenza di un diverso ripiegamento della molecola. PrP^{Sc} può assumere varie forme, ognuna delle quali provocata da un diverso ripiegamento, e ogni forma è associata a una diversa manifestazione clinica della patologia prionica.

La malattia di Creutzfeldt-Jakob sporadica è la forma di patologia prionica più comune e meglio conosciuta, ed è causata da una mutazione somatica nel gene della proteina prionica (*PRNP*). La forma familiare della malattia di Creutzfeldt-Jacob, meno frequente della sporadica, è causata da una mutazione germinale di

PRNP. Particolarmente preoccupanti sono i casi di malattia prionica non dovuti a una mutazione bensì all'esposizione alla proteina anormale PrP^{Sc}. Questa proteina è molto resistente al calore e ai disinfettanti. La variante infettiva della proteina, se raggiunge il sistema nervoso centrale, entra in contatto con la proteina normale PrP^C e ne modifica la forma. La malattia della mucca pazza nel genere umano potrebbe costituire una nuova variante della malattia prionica nella quale la proteina prionica bovina, dopo essere stata assunta per via alimentare, raggiunge il cervello e vi converte i prioni "buoni" in quelli "cattivi".

Corollario: qual è la definizione di "vita" nell'era della genomica?

Ci possiamo chiedere se i prioni siano entità viventi e usare questa domanda come un test all'interno del più ampio problema della ridefinizione della vita in seguito all'avanzamento delle nostre conoscenze sul genoma. Una definizione di vita presa da un dizionario nell'era pregenomica è la seguente "Condizione che distingue animali e piante da oggetti inanimati e da organismi deceduti, rappresentata dalla crescita attraverso il metabolismo e la riproduzione, e dalla capacità di adattamento all'ambiente attraverso cambiamenti originati internamente". Il metabolismo è la conversione dei carboidrati in biossido di carbonio e acqua. Questa definizione è accettabile per le grandi piante e gli animali ma è ben lontana dall'essere inattaccabile: una candela potrebbe rispondere a questa definizione mentre per un virus non è così. Nel 21° secolo è stato aggiunto il requisito del genoma. Il progetto dell'organismo è codificato nel DNA o nell'RNA e copie di questo progetto sono condivise con tutta la progenie. Bisogna anche considerare superato il requisito del metabolismo poiché molti microrganismi mostrano modalità molto limitate o inusuali di soddisfacimento delle proprie esigenze energetiche.

I prioni mettono in discussione qualsiasi definizione corrente di "vita" e molti non li considerano agenti infettivi viventi, ma solo infettivi. I prioni producono copie di se stessi mediante la conversione della forma di altri prioni a quella patogenica propria. I prioni non sono dotati di un genoma: essi delegano l'informazione al modo nel quale la loro proteina è ripiegata, ma questo non corrisponde a ciò che attualmente riconosciamo come genomico.

Anche le sequenze Alu, che abbiamo incontrato nel Capitolo 1 in qualità di sequenze ripetute nel DNA *junk* del genoma umano, mettono a dura prova la definizione di vita. Queste sequenze, se considerate "vive", vivono solo all'interno del genoma. Per quanto si sa, esse non codificano per alcuna proteina, né posseggono un metabolismo, ma, ciononostante, sono costituite da DNA e si riproducono. Il numero di sequenze Alu nel genoma umano, già oltre un milione, è attualmente in lenta crescita.

La nostra comprensione della vita al livello molecolare è ben lungi dall'essere completa. Al momento dobbiamo soltanto ammettere di non essere in grado di formulare una definizione ineccepibile di cosa è vivente e cosa non lo è.

Terrorismo biologico

La minaccia del terrorismo biologico ha ovviamente ricevuto molta attenzione. La medicina molecolare ha potenzialmente un ruolo sia nello sviluppo di questa minaccia che nell'organizzazione della difesa nei suoi confronti. Per quanto riguarda la minaccia, va ricordato che non è difficile ingegnerizzare microrganismi con un'accentuata virulenza: si potrebbe, per esempio, trasfettare il veleno di cobra in *E. coli*. Abbiamo già visto abbastanza strutture geniche in questo libro per renderci conto di quanto possa essere facile mescolare e combinare i geni qualora si volesse creare una "supertossina". Tuttavia, parafrasando un esperto, con l'antrace e la peste a disposizione, che bisogno c'è di una maggiore virulenza? Pertanto, gran parte delle recenti preoccupazioni riguardo al terrorismo biologico si incentrano su quanto possa essere facile rilasciare microrganismi nell'ambiente e quanto velocemente un'infezione possa diffondersi in tutto il mondo sfruttando i viaggi aerei. Gli episodi di bioterrorismo dell'ottobre 2001 dimostrano che anche il normale servizio postale può essere un veicolo per le resistenti spore dell'antrace.

Fortunatamente, la medicina molecolare ha molto da offrire anche in termini di difesa. La rapidissima identificazione di un'imprevista infezione è fondamentale e il progresso della diagnostica molecolare l'ha resa possibile, grazie anche a sistemi di sondaggio sul campo in grado di rilevare agenti infettivi mediante marcatori a DNA o proteici. La rapida preparazione di vaccini o di altre specifiche contromisure costituisce il passo successivo. Quanto detto nella sezione "Corollario: i vaccini infettivi" (vedere sopra) ci sollecita a considerare la possibilità di misure di anti-bioterrorismo. Per una valutazione dell'attuale stato di avanzamento del bioterrorismo si consulti il sito web *www.bt.cdc.gov*.

Riepilogo

I microrganismi hanno dimostrato di possedere la grande capacità di vivere ovunque e di mutare rapidamente per adattarsi alle diverse condizioni ambientali. Alcuni di essi sono potenti patogeni e costituiscono la causa di una gran parte delle patologie umane. I loro genomi sono molto differenti dal nostro; ciò può costituire un grande vantaggio quando si passa ad applicare le terapie molecolari alle malattie infettive. Per bloccare la riproduzione dei microrganismi è disponibile un repertorio di potenziali nuove strategie che comprendono l'antisenso, i ribozimi, gli anticorpi ingegnerizzati e i vaccini. La minaccia di nuove malattie infettive non è mai stata più grande da quando la popolazione di questo pianeta viaggia più lontano e più rapidamente, valicando i "confini" delle sue prerogative immunitarie naturali. Per contrastare questa minaccia sono necessarie le nuove soluzioni offerte dalla medicina molecolare.

Bibliografia

Bunnel BA, Morgan RA (1998) Gene therapy for infectious diseases. *Clin Microbiol Rev* 11:42-56

Chen Z, Kadowaki S, Hagiwara Y *et al* (2001) Protection against influenza B virus infection by immunization with DNA vaccines. *Vaccine* 19:1446-1455

Kwiatkowski D (2000) Genetic dissection of the molecular pathogenesis of severe infection. *Intensive Care Med* 26(suppl. 1):S89-97

Langridge WHR (2000) Un vaccino che si mangia. *Le Scienze* 387:68-76

Lauer GM, Walker BD (2001) Hepatitis C virus infection. *N Engl J Med* 345:41-52

Prusiner SB (2001) Shattuck lecture - Neurodegenerative diseases and prions. *N Engl J Med* 344:1516-1527

Soini H, Musser JM (2001) Molecular diagnosis of mycobacteria. *Clin Chem* 47:809-814

Wang QM, Heinz BA (2000) Recent advances in prevention and treatment of hepatitis C virus infections. *Prog Drug Res* 55:1-32

www.cdc.gov/ncidod/eid/index.htm (rivista del CDC *Emerging Infectious Diseases*)

Capitolo 5

Patologie genetiche ereditarie

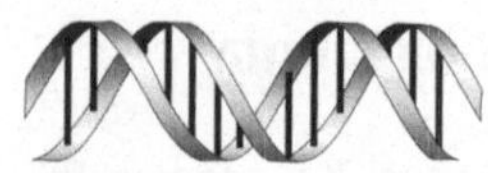

Introduzione

A prima vista, potremmo pensare che la genetica delle patologie ereditarie sia semplice. Abbiamo decifrato il genoma, disponiamo della tecnologia per identificare le mutazioni che provocano le patologie ereditarie: quindi, qual è il problema? Considerando alcuni esempi, ci renderemo rapidamente conto che le nuove conoscenze e le nuove tecnologie di tipo molecolare pongono sfide molto grandi dal punto di vista applicativo. Innanzitutto, considereremo lo screening per le patologie ereditarie. In linea teorica sembra semplice: si costruisce il giusto chip a DNA e si effettua un prelievo di sangue da ogni individuo. Prenderemo, poi, in considerazione tre patologie ereditarie semplici, la trombosi associata al fattore V Leiden, l'emocromatosi e la fibrosi cistica, e successivamente due patologie complesse, l'aterosclerosi e il diabete mellito. Questi esempi permetteranno di passare da una visione semplicistica delle basi genetiche delle patologie alla consapevolezza della complessità delle interazioni da cui tali patologie si originano. Vedremo, tuttavia, come questa complessità, sebbene scoraggiante, offra d'altra parte molti "agganci" per la terapia molecolare.

Screening genetico per le patologie ereditarie e i fattori di rischio

Assumiamo che entro breve tempo sia disponibile la tecnologia in grado di sondare accuratamente e a un costo ragionevole il genoma di un paziente. Cosa vorrebbe sapere un medico riguardo alle "sfumature" individuali del genoma di un nuovo paziente? Nel caso di un neonato, vorrebbe certamente effettuare uno screening per alcuni difetti del metabolismo come per esempio la fenilchetonuria (PKU), che se non opportunamente trattata può danneggiarlo gravemente. Attualmente lo screeening per la PKU viene effettuato mediante un saggio di inibizione batterica su gocce di sangue essiccate. Questo test è sensibile, ma non è affatto specifico: la maggior parte dei neonati (circa il 95%) che risultano positivi al primo screening risulteranno negativi nei successivi test di controllo. Ciononostante, lo screening obbligatorio per la PKU ha diminuito drasticamente la prevalenza del ritardo mentale dovuto a questa patologia. In molti paesi, sulla stessa goccia di sangue utilizzata per lo screening per la PKU vengono eseguiti anche test specifici per altre patologie ereditarie.

In teoria, le conoscenze relative al genoma umano e la tecnologia molecolare attualmente disponibili rendono il test per centinaia o anche migliaia di mutazioni altrettanto semplice quanto lo è quello per una singola mutazione. L'ideale sarebbe sequenziare l'intero genoma di ogni neonato, inserire i dati in un registro medico ed esaminarli nella maniera opportuna: prima le patologie pediatriche, successivamente la predisposizione alle patologie croniche.

Forse è opportuno considerare quali dovrebbero essere i nostri primi passi prima di saltare al punto finale, quello, cioè, della sequenza completa del genoma di ciascun individuo. La Tabella 5.1 elenca alcuni esempi di patologie che potrebbero essere candidate per i nostri primi *arrays* per lo screening. Quelle elencate, infatti, sono tutte patologie che possono essere attualmente sottoposte ad analisi genetica. Che cosa faremmo se ci trovassimo di fronte ad *arrays* che rendessero possibile lo screening per un grande numero di patologie ereditarie e di fattori di rischio? Sono sicuro che ogni lettore di questo libro si troverà entro breve tempo a dover fronteggiare tale problema. Tutto il nostro impegno nello studio della medicina molecolare è teso a prepararci per questo tipo di sfida. I problemi posti da uno screening esteso per le patologie ereditarie sono immensi: ogni patologia richiede conoscenze cliniche ed esperienza per una corretta gestione dei risultati e del rapporto con i pazienti.

Tabella 5.1. Esempi di patologie ereditarie candidate per lo screening

---

Polimorfismo dell'alcol deidrogenasi
Deficit di α-1-antitripsina
Deficit dell'attenzione
Ipotiroidismo congenito
Fibrosi cistica
Sordità
Poliposi adenomatosa familiare
Sindrome dell'X fragile
Galattosemia
Polimorfismi dei recettori di HDL/LDL/VLDL
Intolleranza ereditaria al fruttosio
Emocromatosi ereditaria
Cancro ereditario non poliposico del colon
Predisposizione ereditaria al carcinoma mammario o al cancro ovarico (*BRCA1* e *BRCA2*)
Omocisteinuria
Malattia di Huntington
Insulinoresistenza
Polimorfismi delle lipoproteine, di apoB e di apoE
Sindrome del QT lungo
Fenilchetonuria (PKU, *phenylketonuria*)
Schizofrenia
Anemia falciforme
Malattia di Tay-Sachs
Talassemia

Patologie genetiche semplici

Consideriamo, come esempio, tre specifiche patologie ereditarie: la trombosi dovuta al fattore V Leiden, l'emocromatosi e la fibrosi cistica. Ciascuna di queste è una patologia genetica relativamente semplice, in quanto solo poche mutazioni ne sono responsabili. Tuttavia, trattando queste tre patologie vedremo quali difficoltà comportino la comprensione e l'utilizzazione dell'informazione genetica aquisita.

Trombosi e fattore V Leiden

La trombosi venosa che provoca embolia polmonare potenzialmente mortale è una patologia multifattoriale, ma ora sappiamo che un fattore significativo è di natura genetica. In circa il 20% dei soggetti affetti da trombosi si osserva una mutazione germinale in uno o più dei geni i cui prodotti interagiscono con le proteine anticoagulanti (antitrombina o proteine C ed S). La mutazione Leiden del fattore V della coagulazione, così denominata in quanto scoperta da un gruppo di ricercatori a Leiden in Olanda, è la più frequente causa di predisposizione genetica alla trombosi (database OMIM 227400; Locus ID 2153). Questa mutazione puntiforme consiste nella sostituzione di una G con una A a livello del nucleotide 1691 e provoca la sostituzione di un'arginina [R] con una glutamina [Q] in posizione 506. La mutazione del fattore V può essere pertanto chiamata $FVR^{506}Q$ o $FV:Q^{506}$ o R506Q o G1691A. La terminologia per le mutazioni è ancora in via di sviluppo e sarà indispensabile porre rimedio alle incongruenze per quando saranno state ormai identificate decine di migliaia di specifiche mutazioni. Il fattore V mutante è resistente all'azione della proteina C attivata e, quindi, compromette il controllo a *feedback* negativo della cascata della coagulazione. Si tratta di una mutazione autosomica dominante: gli eterozigoti presentano un rischio di trombosi da 5 a 10 volte superiore e gli omozigoti un rischio da 50 a 100 volte superiore rispetto ai soggetti che non presentano la mutazione. Rispetto ad altre mutazioni delle quali parleremo in questo capitolo, il fattore V Leiden rappresenta una situazione semplice: non esistono altri alleli mutanti in grado di determinare la stessa predisposizione.

La mutazione Leiden del fattore V è facile da diagnosticare. Come mostrato nella Figura 5.1, l'allele *wild-type* (in alto) presenta un sito di taglio per l'enzima

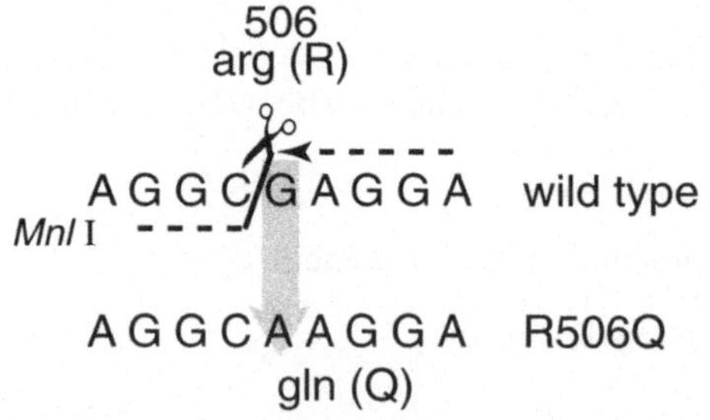

Fig. 5.1. La mutazione Leiden del fattore V consiste nella sostituzione di una singola base che provoca l'abolizione di un sito di taglio per l'enzima di restrizione MnlI

di restrizione MnlI a livello del codone 506, mentre nell'allele mutante (in basso), con una A al posto di una G, il sito di taglio è abolito. La Figura 5.2 illustra una tecnologia tradizionale per l'evidenziazione della mutazione Leiden del fattore V, basata sull'amplificazione PCR della regione circostante il sito della mutazione. Un'elettroforesi su gel dei prodotti di PCR digeriti con MnlI mostra due bande nel caso di soggetti eterozigoti per la mutazione: la banda di 163 bp deriva dall'allele *wild-type* mentre la banda di 200 bp deriva dall'allele mutante, che è privo del sito MnlI. Gli omozigoti per la mutazione mostreranno un'unica banda di 200 bp, i soggetti privi della mutazione mostreranno, invece, un'unica banda di 163 bp. La tecnica illustrata nella Figura 5.2 è denominata analisi RFLP (*Restriction Fragment Length Polymorphism*, polimorfismo di lunghezza dei frammenti di restrizione). Si ricordi che nel Capitolo 3 è stata applicata una procedura analoga per trovare un errore nel preambolo della Costituzione.

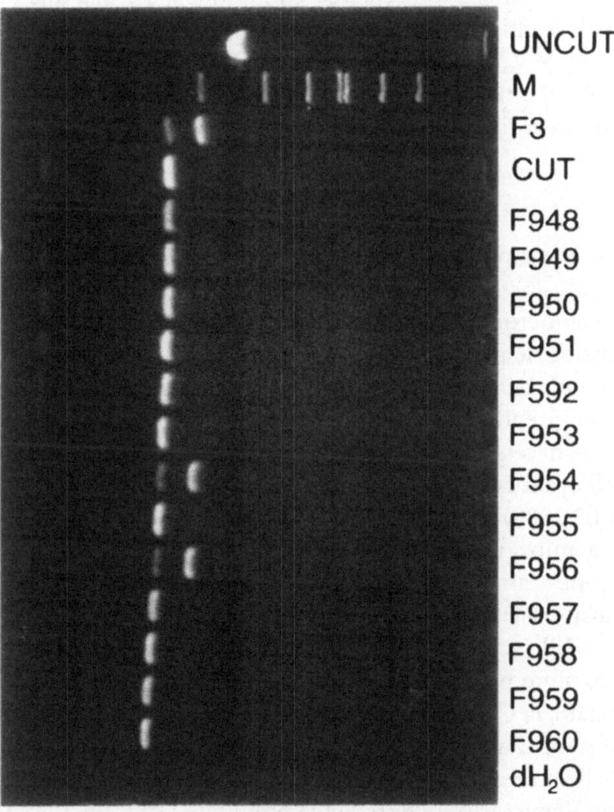

Fig. 5.2. Elettroforesi dei prodotti di reazioni PCR eseguite per evidenziare la mutazione Leiden del fattore V utilizzando un polimorfismo per MnlI. F3 corrisponde a un controllo positivo eterozigote, CUT a un controllo negativo. Nelle corsie F954 e F956 sono visibili due bande, un risultato che indica eterozigosità. (Friedline *et al.*, 2001; Arch Pathol Lab Med 125:105-111)

Il test di laboratorio per il fattore V Leiden è semplice e il problema clinico è riassumibile nella domanda: *Come può essere utilizzata questa informazione?* Con il progredire della tecnologia molecolare diverrà semplice e anche poco costoso sottoporre chiunque al test per questa mutazione (come suggerito nella Tabella 5.1). La mutazione Leiden del fattore V è presente nel 5-10% dei bianchi di origine europea, ma è rara negli africani e negli asiatici. Credo che attualmente molti specialisti raccomanderebbero il test per questa mutazione in soggetti bianchi con un episodio trombotico inspiegato o inatteso. Cosa dire riguardo alla possibilità di sottoporre al test pazienti in procinto di subire un intervento chirurgico all'anca o altri interventi che creano una situazione predisponente alla trombosi?

La risposta agli interrogativi: *Chi deve essere sottoposto al test per una mutazione? e quando?* è basata sulla considerazione di quali ulteriori provvedimenti clinici verranno presi nel caso in cui il test risulti positivo. Questo è un tema ricorrente che ci troveremo ad affrontare per qualunque test genetico che prenderemo in considerazione. La medicina molecolare è comunque *medicina*: una pratica scientifica e decisionale multifattoriale che richiede esperienza. Un test per la mutazione Leiden del fattore V, qualora risultasse positivo, potrebbe portare a misure di prevenzione molto vantaggiose per i pazienti a rischio di trombosi, quali la somministrazione di un anticoagulante e un monitoraggio più serrato.

Emocromatosi

L'emocromatosi è una patologia frequente, ma non sempre diagnosticata, le cui manifestazioni più gravi potrebbero essere limitate da un trattamento precoce. L'incidenza dell'emocromatosi ereditaria negli Stati Uniti è pari a circa 0.5%. La procedura tradizionale per la diagnosi dell'emocromatosi inizia con l'analisi del livello di saturazione della trasferrina sierica; se questo risulta superiore al 60%, i test successivi comprenderanno il dosaggio della ferritina sierica, i test di funzionalità epatica e, se necessario, una biopsia epatica per il dosaggio del ferro e per il rilevamento dell'eventuale cirrosi. Un test per le mutazioni del gene *HFE* (OMIM 602421; Locus ID 1080) responsabili dell'emocromatosi ereditaria è attualmente disponibile e, a mio avviso, costituisce il metodo di screening da preferire. Un'organizzazione americana per la difesa del malato, l'American Hemochromatosis (*www.americanhs.org*), ha preso posizione a favore di una diffusione capillare dello screening per l'emocromatosi. Questo è in contrasto, come vedremo nel prossimo paragrafo, con la posizione di un'altra organizzazione per la difesa del malato, la Cystic Fibrosis Foundation, che si mostra molto cauta nei confronti dello screening genetico per la fibrosi cistica.

L'obiettivo dello screening per l'emocromatosi è quello di evidenziare la patologia prima che un sovraccarico di ferro abbia provocato i sintomi. L'accumulo di ferro nel fegato causa disfunzione e infine cirrosi, mentre nel pancreas provoca diabete. Il test genetico riconosce due mutazioni, una sola delle quali probabilmente causa la patologia. La Tabella 5.2 elenca tutti i possibili genotipi. Gli omozigoti per C282Y molto probabilmente sono affetti dalla patologia mentre gli eterozigoti sono

Tabella 5.2. Possibili genotipi per il gene responsabile dell'emocromatosi ereditaria (HH, *Hereditary Hemochromatosis*)

Genotipo	Frequenza nella popolazione caucasica (%)	Frequenza nei pazienti HH (%)	Tipo di malattia
wt/wt	55-60	<0.1	Nessuna
wt/C282Y	13	2-3	Portatore sano; il sovraccarico di ferro si verifica raramente
C282Y/C282Y	0.5	80-90	Il sovraccarico di ferro è molto probabile
wt/H63D	25	1	Nessuna
H63D/H63D	2	3	Il sovraccarico di ferro si verifica raramente
C282Y/H63D	2	3-5	Il sovraccarico di ferro si verifica raramente e solo in forma lieve

solo portatori. Nella Tabella 5.2 è riportata anche l'incidenza dei possibili genotipi sia nella popolazione generale che nei pazienti affetti dalla malattia. La genotipizzazione come metodo di screening non sembra presentare problemi e l'emocromatosi ereditaria potrebbe essere una delle prime patologie per le quali la validità dell'applicazione dei test genetici per uno screening generalizzato potrà essere verificata. Nel 2001 è iniziato un programma pilota di screening genetico per l'emocromatosi ereditaria, la cui prima area bersaglio è la zona occidentale della Carolina del Nord.

Pur disponendo di un semplice test in grado di identificare un'importante patologia curabile, non tutti i problemi si possono ritenere risolti. Consideriamo il pedigree di una famiglia con emocromatosi mostrato nella Figura 5.3. Il quadrato nero rappresenta Bob, il paziente affetto dalla malattia. Sappiamo che sua madre e suo padre devono essere portatori, ma non manifestano alcun segno della malattia. I quattro figli di Bob potrebbero essere semplicemente portatori oppure potrebbero essere affetti dalla malattia. Quest'ultima eventualità non può essere esclusa in quanto sono troppo giovani per manifestare sintomi clinici. Bob ha anche due sorelle e un fratello. Come medico curante di Bob, sei tenuto ad avvertire il fratello e le sorelle dell'opportunità di sottoporsi al test, soprattutto sapendo che Franck, il fratello, ha avuto alcuni problemi epatici? Se non avverti Franck, sei responsabile dal punto di vista medico ed etico per aver lasciato che una patologia curabile diventasse invalidante? Se avverti Franck ed egli reagisce negativamente a questa violazione della sua privacy, sei legalmente responsabile per questo? La parte inferiore della Figura 5.3 riporta il pedigree della stessa famiglia dopo il test genetico. Franck (il secondo quadrato nero) risulta effettivamente affetto dalla malattia, mentre i suoi figli e quelli di Bob sono soltanto portatori. Stiamo appena imparando come gestire i dati genetici. Non tutte le famiglie vorranno sottoporsi a questo tipo di test e non accade per tutte le famiglie che i

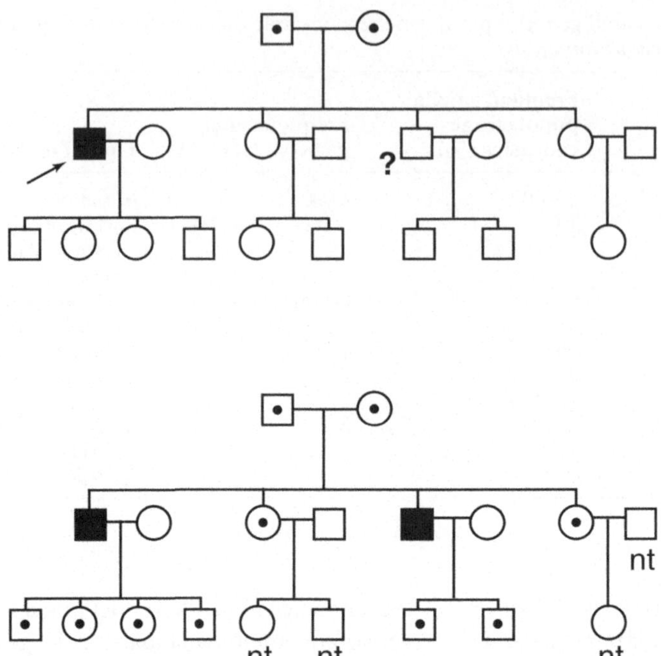

Fig. 5.3. Pedigree di una famiglia con emocromatosi. La parte superiore mostra il pedigree basato su dati clinici. Come mostrato nella parte inferiore, il test sul DNA consente di precisare la condizione di molti soggetti

componenti vivano a stretto contatto sia dal punto di vista geografico che da quello affettivo. I consulenti genetisti possono fornire informazioni su molti aspetti potenzialmente problematici, come per esempio un'inattesa mancanza di corrispondenza tra paternità anagrafica e paternità biologica. Quando i test basati sull'analisi del DNA per le patologie ereditarie saranno utilizzati più diffusamente, anche questi problemi si presenteranno più frequentemente.

Fibrosi cistica

Identificazione del gene della fibrosi cistica

La caccia al gene della fibrosi cistica (CF, *Cystic Fibrosis*) è una storia affascinante e istruttiva, in quanto la CF è stata una delle prime patologie ereditarie per le quali sono stati mappati i geni responsabili. Verso la fine degli anni Ottanta, ogni tappa che scandiva la storia della caccia al gene della CF costituiva una notizia e veniva riportata dalla stampa popolare, spesso ancor prima della pubblicazione sulle riviste scientifiche. Uno dei principali ricercatori coinvolti, Francis Collins, è stato successivamente nominato direttore del Progetto Genoma Umano proprio grazie alla sua esperien-

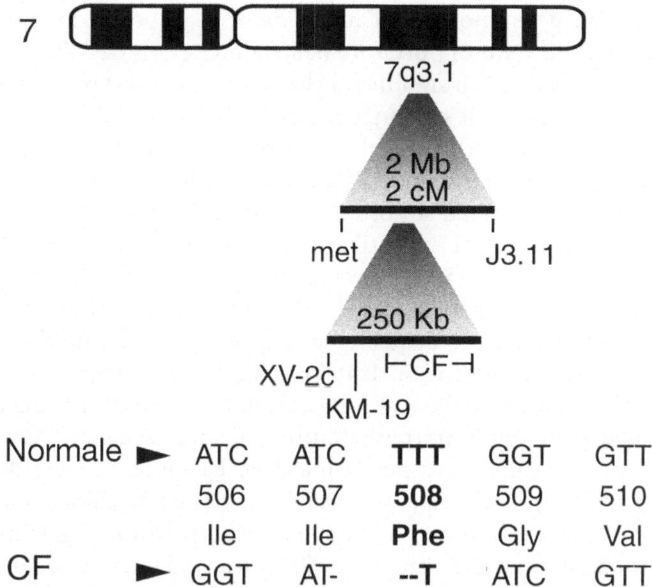

Fig. 5.4. Rappresentazione schematica del cromosoma 7, in cui è mostrata la più frequente mutazione responsabile della fibrosi cistica (CF), una diffusa malattia autosomica recessiva

za e alla fama acquisita per le ricerche sulla CF. La storia della caccia al gene della CF catturò l'attenzione del pubblico e gli fece conoscere la medicina molecolare[1].

La fibrosi cistica è una patologia ereditaria molto frequente. Le ricerche su questa patologia hanno avuto un notevole sostegno da parte della Cystic Fibrosis Foundation (*www.cff.org*) e sono iniziate con la collaborazione delle famiglie affette dalla malattia, cosa che ha consentito la raccolta di un gran numero di pedigree e di campioni di sangue. Un'ampia serie dei marcatori genetici allora conosciuti venne utilizzata per analizzare i DNA di queste famiglie e in breve tempo i dati ottenuti rivelarono che il gene si trova sul cromosoma 7. Nel 1985, ulteriori dati di *linkage* permisero di localizzare il gene nella regione del braccio lungo del cromosoma 7 denominata 7q3.1 e, più precisamente, nella regione compresa tra i marcatori *met* e J3.11. La Figura 5.4 mostra una rappresentazione schematica del cromosoma 7 e le tappe che nel corso degli anni Ottanta hanno portato alla localizzazione del gene della CF.

A quell'epoca si avvertiva un grande entusiasmo. La regione compresa tra *met* e J3.11 è lunga meno di 2 megabasi (Mb), una distanza fisica corrispondente a una distanza genetica di circa 2 centimorgan (cM). Questo significava due cose. In primo luogo, una distanza genetica di 2 cM implica che soltanto nel 2% dei casi gli alleli compresi in questa regione verranno separati alla meiosi e, quindi, i

---

[1] Successivamente, il processo a O. J. Simpson avrebbe reso familiare praticamente a chiunque il concetto dell'unicità del proprio DNA.

consulenti genetisti potevano usare l'analisi del *linkage* per formulare una diagnosi quasi certa dello stato di portatore nelle famiglie con CF[2]. In secondo luogo, una distanza fisica di 2 Mb significava che i ricercatori si stavano avvicinando al gene. Negli anni Ottanta il sequenziamento richiedeva molto tempo. Oggi, il sequenziamento di 2 Mb richiederebbe solo poche ore di lavoro, invece allora avrebbe coinvolto molti dei migliori laboratori per più di un anno.

Nelle fasi finali della ricerca si pose anche un problema di natura etica, non diverso dagli attuali dibattiti sull'utilizzazione dei dati derivati dal Progetto Genoma Umano. Ai ricercatori che avevano speso anni per mappare il gene della CF veniva ora chiesto di fornire sonde e DNA agli ultimi arrivati nella caccia al gene, i quali avrebbero potuto acquisire la maggior parte del merito svolgendo soltanto l'ultima parte della ricerca. Tuttavia, rifiutarsi di fornire informazioni e materiali scientifici non sarebbe stato giustificabile nei confronti delle famiglie affette da CF, alle quali non importava affatto a chi andasse il merito, ma solo che si rendesse disponibile una cura per la malattia. La caccia al gene della CF fu come la corsa all'oro in California, solo che in questa corsa all'oro scientifica, ai primi "cercatori" che avevano svolto il lungo lavoro per trovare i giacimenti auriferi veniva ora chiesto di cedere mappe e attrezzature alla marea di nuovi arrivati. La storia ci dice che gli scienziati coinvolti adottarono un comportamento decisamente altruistico. Essi, inoltre, riuscirono a mantenersi sul sottile confine tra il rischio di annunciare troppo e troppo presto, prima di aver effettuato le opportune verifiche, e il rischio di essere accusati di reticenza. Ciononostante, tra il 1987 e il 1989 la scoperta del gene della CF fu più volte prematuramente annunciata. Infine, nel 1989, il gene della CF fu identificato.

Due laboratori, che avevano entrambi dato un contributo fondamentale al progresso della ricerca sulla CF, annunciarono che la mutazione responsabile di questa patologia era stata individuata. La mutazione fu denominata ΔF508. La Figura 5.4 mostra la sequenza nucleotidica normale e quella ottenuta da un paziente affetto da CF: la mutazione è una delezione di tre basi, l'ultima del codone 507 e le prime due del codone 508. Questa mutazione causa la delezione di un singolo aminoacido, il residuo di fenilalanina normalmente presente nella posizione 508 della proteina di 1.480 aminoacidi codificata dal gene della CF.

Successivamente, ci si è resi conto che la genetica della CF non si esaurisce in questa singola mutazione, e stiamo ancora imparando come utilizzare i test sul DNA per questa patologia. L'isolamento e il sequenziamento del gene della CF costituirono un successo eclatante nei primi anni della medicina molecolare. La sequenza nucleotidica fornì informazioni sulla struttura della proteina e sulle mutazioni che ne aboliscono la funzione, e queste informazioni hanno, a loro volta, fornito nuovi bersagli sia per la terapia farmacologia che per la terapia genica.

---

[2] Questo tipo di test ci può sembrare grossolano ora che abbiamo a disposizione l'intera sequenza del gene e la tecnologia per evidenziare specifiche mutazioni, ma è così che i test genetici hanno avuto inizio.

Genetica della fibrosi cistica

La fibrosi cistica è una patologia autosomica recessiva frequente nelle popolazioni di origine europea, nelle quali presenta un'incidenza di circa uno su 2.500 neonati. La malattia si verifica quando un feto eredita due copie mutanti del gene della CF (*CFTR*) localizzato sul cromosoma 7 (OMIM 235200; Locus ID 3077). Il gene della fibrosi cistica codifica per una proteina denominata CFTR (*CF Transmembrane Conductance Regulator*, regolatore della conduttanza transmembranaria della fibrosi cistica) che agisce come un canale del cloro. L'abolizione della funzione di questa proteina provoca ispessimento delle secrezioni e tra i tessuti maggiormente interessati vi sono l'epitelio bronchiale e l'apparato secretorio delle vie respiratorie, la componente esocrina del pancreas e il dotto deferente. Le manifestazioni cliniche della fibrosi cistica sono polmonite, dovuta soprattutto a infezione da *Pseudomonas aeruginosa*, disfunzione pancreatica con malassorbimento e sterilità maschile.

Nei pazienti affetti da fibrosi cistica sono state identificate quasi 1.000 mutazioni, ma nel 70-85% dei casi si osserva la mutazione ΔF508 che era stata identificata per prima. Tutte le altre mutazioni sono rare e alcune di esse sono associate a una forma molto attenuata della malattia. Il genotipo CF ha un potenziale valore predittivo per ciascun singolo paziente.

La diagnosi prenatale di CF è disponibile per le famiglie con anamnesi positiva per questa patologia, oppure nei casi in cui sia noto che i genitori sono entrambi portatori. La Figura 5.5 mostra un test prenatale per la CF in una famiglia per la quale, dopo la nascita del terzo figlio, era diventato evidente lo stato di portatore di entrambi i genitori. Il test è stato eseguito su tutti i componenti della famiglia e sui tessuti fetali ottenuti mediante biopsia dei villi coriali da una gravidanza di 20 settimane. È importante notare che entrambi i genitori sono portatori, una condizione necessaria perché il feto possa essere affetto dalla malattia. Il figlio maggiore non è né affetto né portatore, la seconda figlia è portatrice e la più piccola è affetta da CF. La diagnosi di CF per la terza figlia è ciò che ha indotto la famiglia a richiedere il test genetico e la consulenza. Il feto dell'attuale gravidanza è risultato affetto.

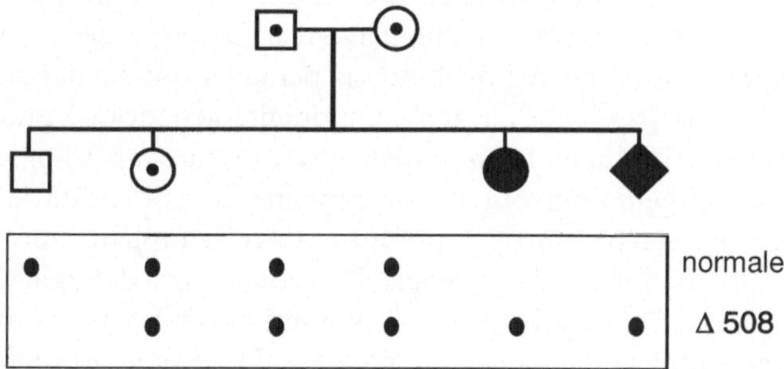

Fig. 5.5. Diagnosi prenatale di fibrosi cistica in una famiglia con una figlia affetta e una gravidanza in corso

Circa l'80% dei nuovi casi di CF si verifica in famiglie che presentano un'anamnesi positiva per la patologia. Dovremmo sottoporre tutti i neonati a screening per la CF? In tal modo saremmo meglio preparati per le complicazioni pediatriche, quali la polmonite, e saremmo potenzialmente in grado di rispondere con un trattamento specifico precoce. Inoltre i portatori di CF verrebbero identificati prima dell'età riproduttiva e, in tal modo, ogni coppia saprebbe se, nel proprio caso, si rende opportuna la consulenza genetica per la CF. Gli aspetti negativi dello screening consistono nel fatto che a una persona verrebbe conferito il marchio di portatore. La CF è una patologia che può essere trattata e probabilmente curata; in tali circostanze, siamo sicuri di voler correre il rischio di alterare il comportamento di una persona con uno screening genetico? Tutti gli screening genetici ci portano in un campo molto controverso in cui è tuttora difficile orientarsi.

La conoscenza del gene della fibrosi cistica si traduce immediatamente in maggiori informazioni sulla funzione della proteina, le quali, a loro volta, portano a individuare nuovi bersagli per la terapia farmacologica. Tra i farmaci utilizzati, gli antibiotici, in particolare la tobramicina somministrata mediante inalazione, sono diretti contro le infezioni delle vie respiratorie, mentre altri agenti fluidificano le secrezioni (la Dnasi denominata dornasi) o migliorano il trasporto ionico (l'amiloride, un bloccante del canale del sodio).

La soluzione ideale sarebbe la terapia genica e in particolare una strategia basata sulla somministrazione, mediante inalazione, di un vettore in grado di sostituire il gene CF mutato nelle vie respiratorie. Nonostante molti trial in fase I, i progressi nella terapia genica della CF sono stati più lenti del previsto. Far arrivare un gene "buono" nel nucleo delle cellule bronchiali e poi ottenerne l'espressione si sta rivelando piuttosto difficile, come abbiamo visto nel Capitolo 3.

Patologie poligeniche

Le tre semplici patologie ereditarie che abbiamo appena discusso costituiscono utili esempi di medicina molecolare, ma la maggior parte delle patologie sono molto più complesse in quanto sono sia **poligeniche** sia multifattoriali. Non siamo ancora in grado di comprendere le interazioni tra molti geni, anche quando ne conosciamo l'esistenza. Tuttavia, una parziale conoscenza della genetica delle patologie complesse offre nuove possibilità sia per la terapia sia per la prevenzione. Sapendo che una patologia ha una componente genetica, si può cercare di ottenere informazioni sulla biologia fondamentale di questa patologia attraverso l'individuazione dei geni coinvolti e delle proteine da essi codificate. La conoscenza è di per sé lo strumento più produttivo per sviluppare nuove terapie e strategie per la prevenzione della patologia. Una conoscenza dettagliata delle proteine prodotte dai geni normali e da quelli mutanti potrebbe, anche in assenza di una conoscenza completa della malattia, portare allo sviluppo di una terapia.

Prenderemo in considerazione due patologie poligeniche, l'aterosclerosi e il diabete mellito, che ci permetteranno di apprezzare come, anche in assenza di una conoscenza completa di tutti i geni coinvolti, la medicina molecolare possa far avanzare notevolmente il trattamento di queste patologie.

Aterosclerosi

L'aterosclerosi fornisce il suo pesante contributo in termini di morbilità e di mortalità attraverso la sua nefasta azione sul flusso sanguigno. Il danneggiamento dei vasi sanguigni, causato dalle placche ateromatose con i coaguli che le avvolgono, è il risultato finale del concorso di molti fattori. Il metabolismo dei lipidi, i processi di coagulazione, i fattori di attivazione delle piastrine, la proliferazione delle cellule del muscolo liscio delle pareti arteriose e la dinamica dei fluidi costituiscono tutti, già singolarmente, degli argomenti piuttosto complicati. L'aterosclerosi è il risultato delle complesse interazioni di complessi fenomeni biologici. La componente genetica dell'aterosclerosi è solo parzialmente conosciuta. Sono note alcune condizioni di natura ereditaria che, in combinazione con una dieta in grado di favorire la genesi dell'aterosclerosi, predispongono a un'insorgenza precoce della patologia. Come possiamo sperare di arrivare a delle conclusioni che ci permettano di intervenire afferrando solo un filo di questa trama complessa? Per convincerci dell'effettiva fattibilità di questa impostazione, consideriamo qualcuno degli aspetti fondamentali dell'aterosclerosi.

Rivediamo alcune caratteristiche del metabolismo del colesterolo. La Figura 5.6 mostra i principali aspetti del processamento del colesterolo e dei trigliceridi nel

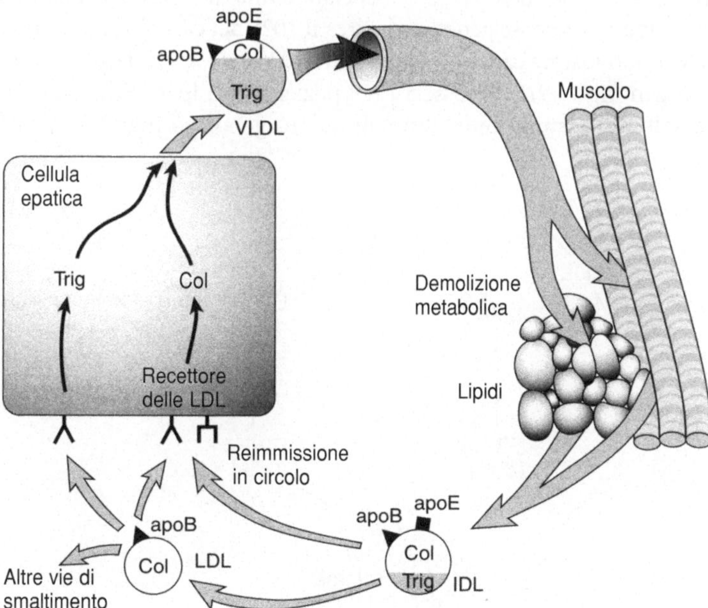

Fig. 5.6. Rappresentazione schematica del metabolismo del colesterolo e dei trigliceridi in cui sono mostrate la reimmissione in circolo dei lipidi e i molti possibili punti di intervento terapeutico

fegato e nel sangue. I trigliceridi e il colesterolo sono escreti dalle cellule epatiche sotto forma di particelle lipoproteiche a densità molto bassa (VLDL, *Very Low Density Lipoprotein*) che presentano le proteine apoE ed apoB sulla propria superficie. La lipolisi di queste particelle libera i trigliceridi che vengono acquisiti dagli adipociti e dalle cellule del muscolo scheletrico. Il colesterolo e parte dei trigliceridi vengono riassemblati sotto forma di particelle lipoproteiche a densità intermedia (IDL, *Intermediate Density Lipoprotein*), che possiedono ancora le proteine apoE e apoB. La maggior parte delle particelle IDL viene rimessa in circolo attraverso il fegato mediante il legame con un recettore dell'LDL *(Low Density Lipoprotein)*, mentre le altre vengono scomposte in particelle LDL che contengono colesterolo quasi puro e che presentano sulla propria superficie la proteina apoB. Le particelle LDL vengono, a loro volta, acquisite dal fegato o degradate altrove.

apoE

Nel contesto multigenico e multifattoriale dell'aterosclerosi, prendiamo in considerazione uno specifico gene: *apoE*. Esistono tre alleli di questo gene, denominati E2, E3 ed E4, che danno origine a sei possibili genotipi: E2/E2, E3/E2, E2/E4, E3/E3, E3/E4 ed E4/E4. Le frequenze di questi genotipi nei Caucasici sono mostrate nella Figura 5.7. Il 95% degli individui possiede uno dei seguenti tre genotipi: E3/E2, E3/E3 ed E3/E4. Rispetto ad E3/E3, il genotipo E3/E4 è associato a un aumento di 10-20 mg/dL dell'LDL, mentre E3/E2 è associato a una diminuzione dell'LDL pari a 10-20 mg/dL. Questa è la base genetica di circa il 10% dei casi di variazione dell'LDL osservati nella popolazione caucasica; il restante 90% è dovuto a fattori multigenici e ambientali. Il genotipo E2/E2 si osserva nei pazienti con iperlipidemia familiare di tipo III, ma soltanto 1 su 50 individui con questo genotipo manifesta la patologia

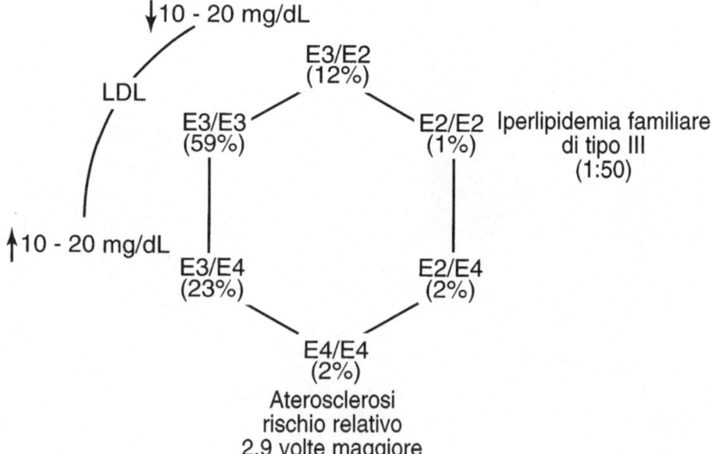

Fig. 5.7. Quadro riassuntivo degli alleli di *apoE* in cui sono riportati, per ciascun genotipo, l'incidenza e il rischio associato

(Breslow, 2000). E2/E2 può essere una condizione predisponente, ma l'invecchiamento, l'obesità e altri fattori ambientali sembrano essere ulteriori condizioni necessarie per lo sviluppo della malattia. La maggiore attenzione è stata recentemente dedicata al genotipo E4/E4. Questo genotipo è associato sia a un aumento di circa 2.9 volte del rischio relativo di occlusione dell'arteria coronaria (Scuteri *et al.*, 2001) sia a un aumento del rischio di morbo di Alzheimer e di cancro del colon.

In pratica, quest'unico gene che esiste in tre sole forme alleliche produce un quadro molto articolato, senza considerare che, del tutto verosimilmente, non conosciamo ancora l'intera storia. Quindi, considerando il metabolismo dei lipidi nel suo complesso, si riesce a stento a immaginare quanto complicati debbano essere i fattori genetici e ambientali coinvolti. Con una così grande complessità, e con così tanti aspetti ancora sconosciuti, quale valenza clinica può avere la medicina molecolare? Ebbene sì, abbiamo ancora molto da imparare, ma già adesso esistono molte possibilità di azione. Quando risultano anomali, i complessi profili lipidici possono essere associati a una parziale genotipizzazione per definire più precisamente il rischio individuale del paziente e le terapie che possono modificarne il metabolismo lipidico. Il nuovo settore scientifico costituito dalla farmacogenetica è basato su questo tipo di ragionamento: il genotipo di un paziente offre specifiche indicazioni per una terapia farmacologica personalizzata. Prenderemo ulteriormente in considerazione questo problema nel Capitolo 8.

Topi *knockout* e ruolo dei recettori delle lipoproteine

Sebbene non sia ancora realizzabile, un nuovo promettente trattamento molecolare dell'aterosclerosi potrebbe essere costituito dal trapianto di macrofagi con recettori delle lipoproteine modificati. Il topo *knockout*, a cui si è brevemente accennato nel Capitolo 3, è uno strumento per la ricerca in questo campo la cui importanza dovrebbe essere apprezzata appieno: uno dei principali modi per determinare la funzione di un gene consiste nel creare un topo che sia privo di tale gene e vedere che cosa cessa di funzionare (o inizia a funzionare). Sono stati prodotti topi *knockout* privi di recettori delle lipoproteine a bassa densità (LDLr) o di apoE.

Una serie di brillanti esperimenti, condotti in vari laboratori, dimostra il ruolo di queste proteine espresse nei macrofagi. Per anni il macrofago schiumoso ha costituito la "pistola fumante" all'interno della placca ateromatosa. Sono attualmente disponibili i mezzi per eseguire esperimenti in grado di ricreare la "scena del delitto" rimuovendo però i "proiettili" dalla pistola fumante. La Figura 5.8 mostra schematicamente la procedura adottata negli esperimenti in cui il midollo osseo viene trapiantato da un topo *knockout* in un ricevente normale. Quest'ultimo viene dapprima irradiato con una dose di raggi X sufficiente a sopprimere il suo midollo osseo, in mancanza del quale esso morirebbe se non venisse sottoposto al trapianto. Poiché il midollo osseo utilizzato per il trapianto proviene da un topo *knockout*, si ottiene un topo chimerico le cui cellule sono tutte normali a eccezione di quelle del sangue che derivano dal midollo del donatore. I macrofagi del topo chimerico sono, quindi, incapaci di esprimere la proteina

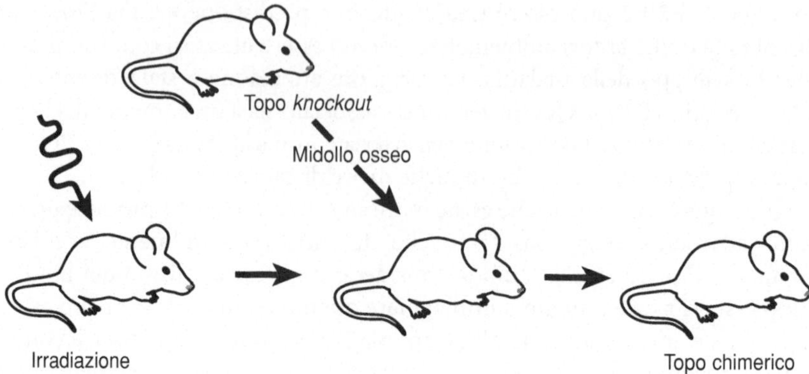

Fig. 5.8. Rappresentazione schematica di un esperimento che utilizza topi *knockout* per saggiare l'influenza dei recettori delle LDL

codificata dal gene selettivamente inattivato nel topo *knockout*. Ai fini dell'esperimento è anche necessario un gruppo sperimentale di controllo: altri topi vengono irradiati e ricevono un trapianto di midollo da donatori normali, in modo da assicurarsi condizioni quanto più possibile simili.

A questo punto è possibile studiare la formazione delle placche ateromatose nei topi chimerici così ottenuti, confrontandola con quella dei controlli. Per poter osservare il fenomeno, tutti i topi devono essere alimentati con una dieta aterogenetica: anche in laboratorio l'aterosclerosi è, infatti, una patologia multifattoriale. I topi con macrofagi incapaci di esprimere apoE presentano un marcato incremento dell'aterosclerosi (Fazio *et al.*, 1997), mentre i topi con macrofagi privi del recettore dell'LDL presentano placche ateromatose più piccole rispetto ai topi di controllo. I topi di controllo con recettori dell'LDL intatti mostrano numerosi macrofagi schiumosi nelle placche più grandi (Herijgers *et al.*, 2000).

Quali conclusioni possiamo trarre da questi studi sui topi? Abbiamo ancora una volta constatato che l'aterosclerosi è una patologia complessa, multigenica e multifattoriale. Abbiamo anche visto che cambiando il numero e le caratteristiche dei recettori delle lipoproteine è possibile influenzare la frequenza con cui si formano le placche ateromatose. I recettori influenzano la circolazione dei lipidi nel sangue e quelli presenti sui macrofagi influenzano anche la frequenza di ingresso dei lipidi nelle placche. Farmaci simili alle statine vengono attualmente utilizzati per abbassare il colesterolo LDL e VLDL. Il trapianto di macrofagi portatori di recettori alterati potrebbe ulteriormente limitare l'ingresso del colesterolo nelle placche. Come vedremo nel Capitolo 6, è possibile, con relativa facilità, rimuovere le cellule del midollo osseo, modificarle geneticamente e reinfonderle nel paziente.

L'aterosclerosi può dipendere da numerosi geni e da molti fattori ambientali. La nostra parziale comprensione di tale complessità e la nostra capacità di ingegnerizzare farmaci, geni e citochine, e di manipolare il sistema immunitario, ci forniscono nuovi strumenti per aggredire la malattia.

Diabete mellito

Il diabete mellito (DM) è un gruppo eterogeneo di patologie che provocano un'iperglicemia dovuta a distruzione autoimmunitaria delle cellule beta del pancreas senza secrezione di insulina (tipo I) oppure a resistenza all'insulina e ad alterata secrezione di questo ormone (tipo II). Il DM di tipo II, la forma più frequente, è una patologia multifattoriale in quanto coinvolge fattori di rischio sia genetici che ambientali. I gemelli identici (che vivono anche in un ambiente simile) mostrano una concordanza del 90% per il DM di tipo II. La componente genetica è solo una parte del quadro: la patologia si manifesta quando altri fattori come obesità, mancanza di esercizio fisico, eccesso di carboidrati, farmaci e stato ormonale sovraccaricano l'omeostasi del glucosio nell'organismo.

Il diabete mellito non può essere certo considerato una patologia genetica semplice e, per salvaguardare la semplicità del discorso, sarebbe stato preferibile evitare di includerlo in questo capitolo. Tuttavia, la medicina molecolare si sta sviluppando: non possiamo risolvere patologie complesse come il DM, ma possiamo gettare un po' di luce sul problema. Il gene dell'insulina, come abbiamo visto nel Capitolo 2, è uno dei geni umani più semplici e anche uno dei primi a essere stato clonato; non a caso, quindi, l'insulina umana ricombinante è stata uno dei primi farmaci prodotti mediante le biotecnologie. Il gene codificante per il recettore dell'insulina è più complesso ma, sorprendentemente, i difetti genetici nella via di segnalazione dell'insulina sembrano essere rari e non rappresentare una frequente causa di diabete. Alcune rare forme speciali di diabete mellito, come il DM autoimmunitario di tipo I e il diabete giovanile a insorgenza tardiva (MODY, *Maturity-Onset Diabetes of the Young*), presentano una semplice base o associazione genetica, ma la maggior parte dei casi di DM trae origine da una complessa interazione tra numerosi geni e varie condizioni relative allo sviluppo e all'ambiente. La letteratura attuale parla, per esempio, di un "fenotipo *thrifty*[3]". I bambini con basso peso alla nascita e con una certa costituzione genetica subiscono gli effetti della nutrizione in maniera peculiare: questi bambini, se sottoposti a una dieta abbondante e a una relativa inattività fisica, hanno una forte tendenza a sviluppare il diabete. L'attuale epidemia di diabete nei bambini ispanici che vivono negli Stati Uniti sembra essere il risultato di questa dinamica.

Con il diabete mellito, come nel caso dell'aterosclerosi, tutto ciò che possiamo fare di fronte a tale complessità è ricavare semplicemente dei frammenti di informazione. Consideriamo ora la manipolazione genetica e il trasferimento del gene dell'insulina come possibile terapia del diabete.

Trasferimento del gene dell'insulina

Ai pazienti affetti da diabete viene somministrata l'insulina una o due volte al giorno, ma questa terapia, anche se associata a un accurato controllo della dieta e

---

[3] NdT. *Thrifty* corrisponde all'italiano "parsimonioso" e viene utilizzato, in questo caso, per indicare un organismo abituato ad avvalersi di ridotte risorse alimentari.

della glicemia, non garantisce la normale, rigida e costante omeostasi del glucosio. Per realizzare una terapia migliore ci si è posti l'obiettivo di trapiantare una nuova fonte di insulina. Il trapianto delle cellule beta del pancreas si è rivelato problematico in quanto, come tutti i trapianti, comporta l'esigenza di superare il rigetto del tessuto estraneo da parte dell'organismo. Una soluzione alternativa è rappresentata dal trasferimento del gene dell'insulina, ma questo deve alla fine trovarsi nelle condizioni opportune perché possa esprimersi in risposta ai corretti segnali. Nel Capitolo 2 abbiamo visto i fattori (riassunti nella Figura 2.5) che regolano l'espressione del gene dell'insulina. È necessario far sì che il gene trasferito risponda con modalità pressoché identiche, poiché una quantità eccessiva o troppo scarsa di insulina è rischiosa per la sopravvivenza.

In un modello sperimentale costituito da un ratto diabetico è stata recentemente trasferita con successo una versione ingegnerizzata del gene umano dell'insulina (Lee *et al.*, 2000). Questo esperimento mostra quali siano i presupposti affinché un trasferimento del gene dell'insulina possa funzionare nell'uomo. È opportuno, a questo punto, riportare alla memoria la Figura 1.6 nella quale è mostrata una mappa del gene dell'insulina. Come abbiamo visto nel Capitolo 1, la proinsulina viene convertita in insulina mediante rimozione della regione C che congiunge le catene A e B. La proinsulina non modificata possiede un'efficienza di legame con il recettore dell'insulina pari a soltanto il 2% rispetto a quella dell'insulina stessa. Il gruppo di Lee ha creato una versione del gene *INS* che produce un analogo dell'insulina a singola catena (SIA, *Single-chain Insulin Analogue*) che non richiede alcun taglio enzimatico. Ciò è stato ottenuto sostituendo la porzione del gene che codifica per la regione C con un segmento codificante più breve e, pertanto, i 35 aminoacidi della regione C non devono più essere rimossi. Il SIA ha un'efficienza di legame con il recettore dell'insulina pari al 28% e mostra un'attività ipoglicemizzante pari al 40-50% rispetto all'insulina.

A questo punto era disponibile un gene il cui prodotto non richiede un processamento enzimatico e il passo successivo consisteva nell'ottenere che tale gene rispondesse ai segnali che influiscono sull'espressione dell'insulina. Per ottenere ciò, il gene è stato ulteriormente ingegnerizzato ponendolo sotto il controllo del promotore della piruvato chinasi di tipo L specifico degli epatociti (*LPK, L-type Pyruvate Kinase*). Questo promotore risponde al glucosio come il promotore del gene dell'insulina. L'intero gene *LPK-SIA* è illustrato schematicamente nella Figura 5.9 ed è, pertanto, possibile confrontarlo con il gene naturale mostrato nella Figura 1.6.

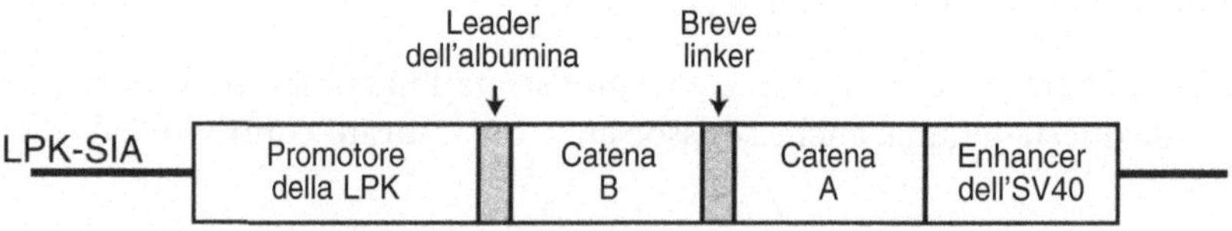

Fig. 5.9. Gene ingegnerizzato dell'insulina pronto per un esperimento di trasferimento genico. (Da Lee *et al.*, 2000; Nature 408:483-488)

Il passo successivo consisteva nell'introdurre questo gene nel ratto. A tale scopo il gruppo di Lee ha utilizzato un vettore già collaudato, il virus adeno-associato. Virus contenenti il gene *LPK-SIA* sono stati infusi in ratti precedentemente resi diabetici mediante un trattamento chimico e il trasferimento del gene ha determinato una sostanziale remissione della malattia (lo stesso risultato è stato ottenuto in topi con diabete autoimmunitario). In questi animali, il livello di glucosio si è mantenuto quasi normale per 8 mesi (quasi il 40% della durata della vita media di un roditore). Contemporaneamente alla comunicazione di questi risultati, un altro gruppo ha portato a termine con successo un esperimento analogo basato su un gene dell'insulina ingegnerizzato in modo differente e posto sotto il controllo di un promotore specifico per le cellule endocrine K dell'intestino (Cheung *et al.*, 2000).

Quella appena descritta è un'impostazione decisamente ingegnosa: un gene viene manipolato, fornito di nuovi elementi di controllo, inserito in un vettore virale e, infine, trasferito in un animale diabetico. La nostra capacità di manipolare i geni è raffinata e, quindi, riuscendo a comprendere anche solo dei frammenti del puzzle delle patologie poligeniche, è possibile intervenire con una forma completamente nuova di terapia.

Riepilogo

Disponiamo degli strumenti per sottoporre i singoli pazienti a screening per centinaia se non migliaia di patologie ereditarie e fattori di rischio. Queste nuove possibilità nella diagnostica genetica superano di gran lunga la nostra esperienza nella gestione dei dati genetici e nell'attività di consulenza. Alcune patologie ereditarie, come la trombosi dovuta a una mutazione nel fattore V o l'emocromatosi ereditaria, sono patologie semplici in quanto soltanto uno o due alleli sono coinvolti. La fibrosi cistica è più complessa in quanto può essere causata da molti alleli differenti. Le patologie poligeniche, come l'aterosclerosi e il diabete, sono molto più complesse, essendo il risultato dell'azione di molti geni e delle loro interazioni con l'ambiente. Tuttavia, come abbiamo visto, conoscenze anche parziali portano allo sviluppo di nuove terapie per queste malattie. Quindi, anche se siamo ancora ben lontani da una completa comprensione della genetica umana, questo non ci deve impedire di applicare le conoscenze già acquisite.

Bibliografia

Breslow JL (2000) Genetics of lipoprotein abnormalities associated with coronary heart disease susceptibility. *Annu Rev Genet* 34:233-254

Cheung AT, Dayanandan B, Lewis JT *et al* (2000) Glucose-dependent insulin release from genetically engineered K cells. *Science* 290:1959-1962

Fazio S, Babaev VR, Murray AB *et al* (1997) Increased atherosclerosis in mice reconstituted with apolipoprotein E null macrophages. *Proc Natl Acad Sci USA* 94:4647-4652

Friedline JA, Ahmad E, Garcia D *et al* (2001) Combined factor V Leiden and prothrombin genotyping in patients presenting with thromboembolic episodes. *Arch Pathol Lab Med* 125:105-111

Gelehrter TD, Collins FS, Ginsburg D (1999) *Genetica Medica*, 2ª ed. Milano, Masson

Goldstein JL, Brown MS (2001) The cholesterol quartet. *Science* 292:1310-1312

Herijgers N, Van Eck M, Groot PH *et al* (2000) Low density lipoprotein receptor of macrophage facilitates atherosclerotic lesion formation in C57BI/6 mice. *Arterioscler Thromb Vasc Biol* 20:1961-1967

Lee HC, Kim S, Kim H *et al* (2000) Remission in models of type 1 diabetes by gene therapy using a single-chain insulin analogue. *Nature* 408:483-488

Lusis AJ (2000) Atheroschlerosis *Nature* 407:233-241

Moss RB (2001) New approaches to cystic fibrosis *Hosp Pract* 36:25-37

Press RD (1999) Hemochromatosis: a "simple" genetic trait. *Hosp Pract* 34:55-74

Scuteri A, Bos AJG, Zonderman AB *et al* (2001) Is the apo E4 allele an independent predictor of coronary events? *Am J Med* 110:28-32

So WY, Ng MCY, Lee SC *et al* (2000) Genetics of type 2 diabetes mellitus. *Hong Kong Med J* 6:69-76

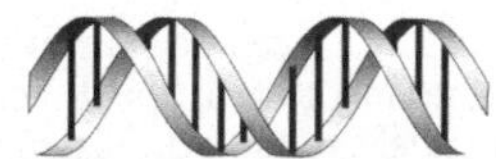

CAPITOLO 6

Sistema immunitario e cellule del sangue

Introduzione

La biologia del sistema immunitario e delle cellule del sangue è incredibilmente ricca di dettagli. Preferisco definirla "ricca di dettagli" anziché "complessa": "ricca" invita a esplorarne le sottili trame, mentre "complessa" potrebbe essere scoraggiante. Ciònonostante bisogna ammettere che il sistema immunitario è effettivamente complicato, probabilmente tanto quanto il sistema nervoso centrale: come quest'ultimo è, infatti, caratterizzato da stimoli in entrata e in uscita, elaborazione centrale, memoria e apprendimento. La nostra comprensione del sistema immunitario è ben lontana dall'essere completa, ma la medicina molecolare ci ha permesso di acquisire una conoscenza molto più approfondita e dettagliata, e ci ha fornito molti nuovi strumenti in grado di intervenire su questo sistema. Vedremo come la versatilità del sistema immunitario, nel senso della sua capacità di rispondere a milioni di antigeni, derivi da riarrangiamenti a carico della famiglia dei geni che codificano per le proteine immunitarie, un processo che, per quanto ne sappiamo, è appannaggio esclusivo di tale sistema. Infine, vedremo come il principale organo del sistema immunitario, il midollo osseo, possa essere facilmente rimosso, manipolato e reintrodotto. Per questo, il midollo osseo è diventato, per l'ingegneria genetica, il principale sistema di veicolazione di geni in grado di correggere malattie metaboliche e immunologiche.

Formazione delle cellule del sangue

La formazione delle principali classi di cellule che compongono il sistema immunitario e quello ematico è rappresentata schematicamente nella Figura 6.1. Ciascun tipo di cellule differenziate deriva dall'espansione clonale di una cellula ematopoietica staminale. Sotto l'influsso di appropriati stimoli, una cellula staminale va incontro a una serie di divisioni, con una progressiva amplificazione del numero di cellule e un'altrettanto progressiva differenziazione delle funzioni. Questo processo porta alla produzione di decine di migliaia di cellule mature. Alcuni dei passi del percorso che va dalla cellula staminale alla cellula ematica matura sono irreversibili; altre fasi sono modulate da fattori di crescita e il risultato può essere diverso a seconda delle esigenze contingenti dell'organismo. Oltre alla cellula staminale totipotente, che è il precursore comune di tutti i tipi di cel-

Fig. 6.1. Le cellule staminali generano tutti i tipi di cellule del sangue e del sistema immunitario attraverso un processo di proliferazione e maturazione in risposta a segnali di crescita. CFU-GM: *Colony-Forming Unit of the Granulocyte/Monocyte*, unità cellulare che dà origine a colonie della serie granulocitica/monocitica; CFU-EMeg: *Colony-Forming Unit of the Erythrocyte/ Megakaryocyte*, unità cellulare che dà origine a colonie della serie eritrocitica/megacariocitica

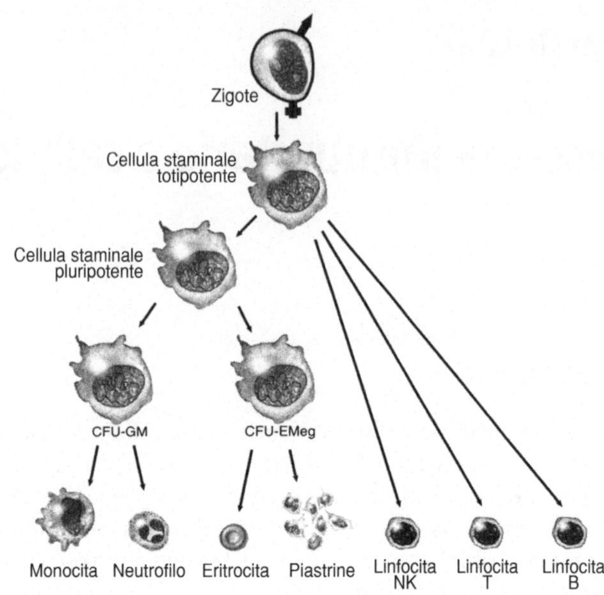

lule ematiche, esistono cellule staminali determinate che possono produrre solo discendenti di un gruppo più circoscritto di tipi cellulari. L'unità cellulare che dà origine a colonie della serie granulocitica/monocitica (CFU-GM, *Colony-Forming Unit of the Granulocyte/Monocyte*) rappresenta una di tali cellule staminali determinate. Pur essendo il midollo osseo la principale sede delle cellule staminali, queste ultime sono presenti anche nel sangue e in altri tessuti. La cellula staminale totipotente del sangue è ben diversa da una cellula staminale embrionale: essa non può, infatti, essere indotta con facilità a differenziarsi in qualsiasi tessuto e non è pertanto un buon punto di partenza per la clonazione (vedere i Capitoli 3 e 8).

I linfociti derivano da precursori posti nel midollo, ma in seguito trascorrono la loro vita (che può essere molto lunga) nei linfonodi e nel sangue. Gran parte della maturazione funzionale dei linfociti avviene al di fuori del midollo osseo. Complesse interazioni tra classi di linfociti all'interno dei linfonodi inducono la maturazione funzionale finale delle innumerevoli classi dei linfociti necessarie a definire l'intero sistema immunitario.

Biologia molecolare del sistema immunitario

Il sistema immunitario ha un repertorio di compiti da portare avanti veramente complesso in quanto interagisce con ciascun tessuto dell'organismo. È necessario immaginare un'ecologia cellulare di questo sistema per mettere in evidenza e apprezzare le sottili interazioni tra tipi cellulari e fattori di crescita. Le Figure 6.2 e 6.3 mostrano qualche punto saliente dello sviluppo di alcune classi funzionali

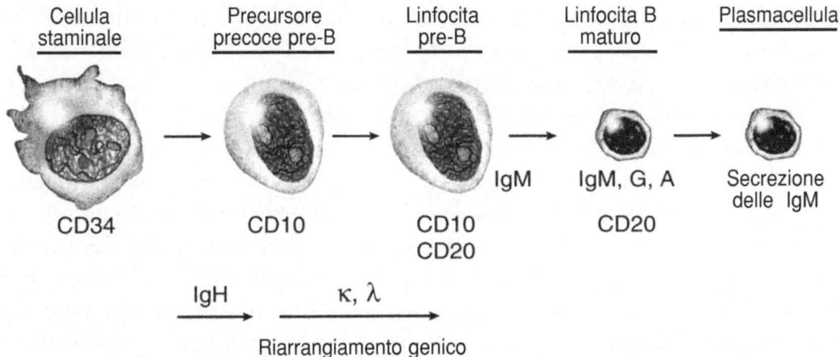

Fig. 6.2. Fasi del differenziamento dei linfociti B a partire dalla cellula staminale. Durante il processo si verifica il riarrangiamento del gene della catena pesante delle immunoglobuline seguito da quello della catena leggera κ o λ. Le proteine recettoriali cambiano nel corso della maturazione della cellula; nelle fasi finali compaiono dapprima le immunoglobuline poste sulla superficie e infine quelle secrete

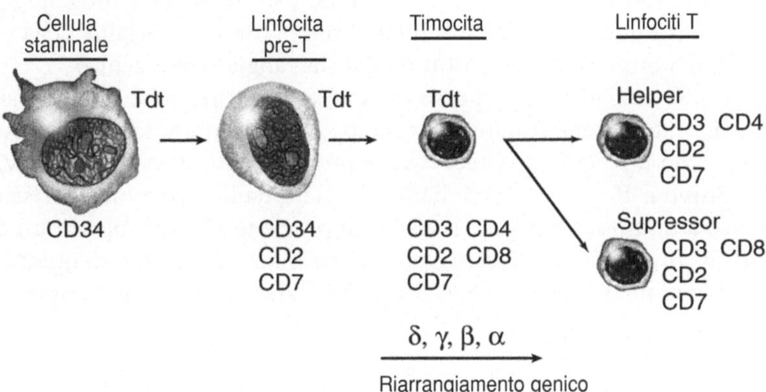

Fig. 6.3. Anche il differenziamento dei linfociti T progredisce dalla cellula staminale con il precoce riarrangiamento dei geni dei recettori delle cellule T. I recettori di superficie (CD 2, 7, 3, 4 e 8) caratterizzano lo stato funzionale del linfocita T in maturazione

di linfociti. È possibile caratterizzare il differenziamento dei linfociti per mezzo dei loro marcatori di superficie, tutti designati con la sigla CD seguita da un numero. La citometria a flusso è in grado di immunofenotipizzare una popolazione di linfociti e, quindi, di calcolare quanti rappresentanti di ciascuno stadio di differenziamento siano presenti.

I linfociti B e T derivano da elementi precursori staminali posti nel midollo. I linfociti pre-B si trasferiscono nei linfonodi, dove subiscono un processo di maturazione. I linfociti pre-T, invece, devono innanzitutto transitare, durante lo sviluppo fetale, attraverso il timo, nel quale, prima di essere trasferiti nel sangue o nei linfonodi, subiscono un processo di apprendimento per le specifiche funzioni che dovranno svolgere. Questo processo include, tra le altre cose, l'apprendimento della fondamentale distinzione tra antigeni *self* (propri) e antigeni *nonself* (estranei). Gran parte dei linfociti B e T maturi hanno subito un riarrangiamento genico che ha lo scopo di creare una situazione stabile in cui ognuno di essi esprime un singolo anticorpo o un singolo recettore dotato di specificità verso un unico antigene. Quando vengono adeguatamente stimolati da un antigene o in seguito all'interazione con un'altra cellula immunomodulatrice, tali linfociti iniziano un'espansione clonale che porta alla produzione di un alto numero di repliche di se stessi. I membri di un clone di linfociti sono tutti discendenti di un singolo precursore e producono lo stesso singolo anticorpo o recettore prodotto dal precursore stesso.

I linfociti sono in grado di reagire a milioni di potenziali antigeni: il numero di possibili anticorpi prodotti dai linfociti è talmente elevato che il genoma umano non dispone di una quantità di DNA sufficiente per codificare tutte le possibili molecole. Ben prima dello sviluppo della medicina molecolare ci si interrogava su come venisse generata la versatilità della risposta immunitaria. Una teoria proponeva che la molecola anticorpale si "ripiegasse" attorno all'antigene e modificasse la propria struttura coerentemente con quella dell'antigene stesso. Sappiamo ora che questa teoria è infondata: come vedremo, l'origine della versatilità del sistema immunitario è costituita dal riarrangiamento genico.

Linfociti differenziati maturi possono generare solo repliche di se stessi. Per sviluppare un nuovo clone con una diversa specificità immunologica è necessario ricominciare con un elemento precursore e procedere attraverso i successivi stadi dello sviluppo. Il processo mediante il quale dall'esposizione del sistema immunitario a un nuovo antigene estraneo si perviene allo sviluppo di un clone di linfociti che producono anticorpi è molto articolato. Alcune fasi di questo processo sono mostrate nella Figura 6.4. Gli antigeni devono essere processati e suc-

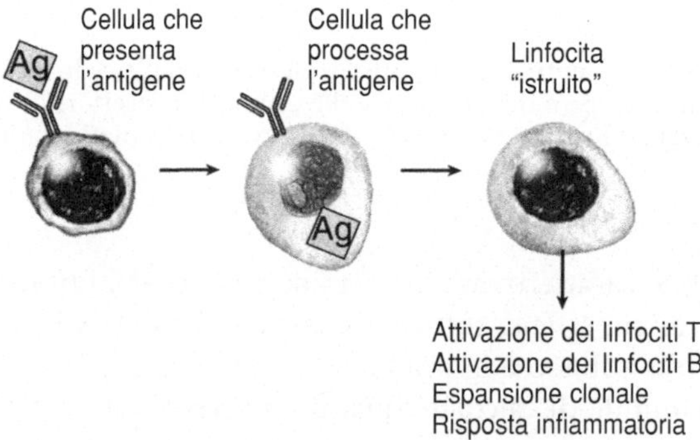

Fig. 6.4. L'interazione funzionale dei linfociti è molto complessa. Questo schema notevolmente semplificato descrive prima la presentazione di un antigene a una cellula immunitaria e poi il suo processamento interno che costituisce il punto di partenza dell'"istruzione" di un linfocita T. Le interazioni di queste cellule, mediate da recettori di superficie, immunoglobuline secrete e citochine, porta alla specifica risposta immunitaria

cessivamente presentati al sistema immunitario. Questo comporta il coinvolgimento di molte classi di linfociti T e B e di molte altre cellule tra le quali le reticolari dendritiche e i monociti. Tutte queste interazioni coinvolgono sia citochine che recettori di superficie, e ognuna di queste proteine è codificata da un gene. Se i geni codificano per gli strumenti del sistema immunitario, la complessità di tale sistema è però il risultato di un' "auto-organizzazione": l'azione del sistema immunitario dipende dalla storia delle sue esposizioni agli antigeni. Proprio a causa di questo fenomeno, i gemelli identici posseggono sistemi immunitari differenti (come pure differenti sistemi nervosi centrali).

Riarrangiamento dei geni delle immunoglobuline

I linfociti riarrangiano il proprio genoma in maniera irreversibile durante il differenziamento dalla cellula staminale alle cellule B o T mature (vedere le Figure 6.2 e 6.3). Questo fenomeno di riarrangiamento genico costituisce la base della versatilità nella produzione di anticorpi o recettori da parte del sistema immunitario. Vediamo in dettaglio come avviene il riarrangiamento genico durante la maturazione dei linfociti B. Una molecola immunoglobulinica (tipo IgG) è composta da due copie di una catena pesante e due copie di una catena leggera. Esistono due tipi di catene leggere, la kappa e la lambda, e solo uno dei due tipi è contenuto in una data molecola anticorpale. Sia le catene pesanti che quelle leggere sono a loro volta composte da una regione variabile, responsabile della specificità anticorpale, e da una costante (Fig. 6.5). Il *locus* che codifica per la catena pesante è posto sul cromosoma 14; i *loci* che codificano per le catene leggere sono localizzati sul cromosoma 2 (catena kappa) e sul cromosoma 22 (catena lambda). Questi *loci* sono organizzati in gruppi di segmenti genici e ognuno dei segmenti appartenenti a un dato gruppo codifica

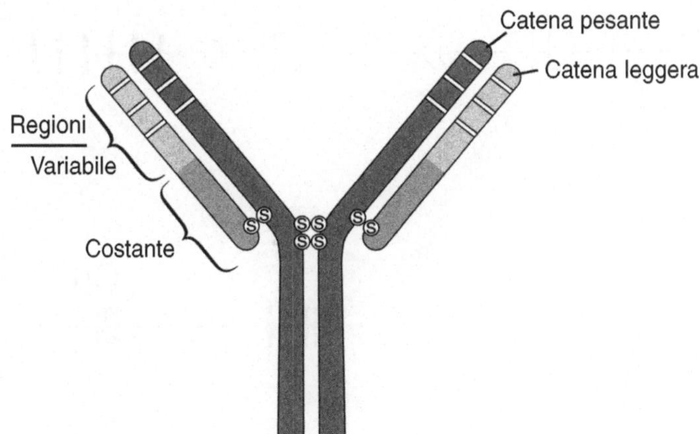

Fig. 6.5. La molecola dell'immunoglobulina è composta da due catene pesanti e due catene leggere, legate da molteplici ponti disolfuro (S-S)

per una versione alternativa della stessa porzione della catena polipeptidica. Perché una specifica catena possa essere sintetizzata deve avvenire un riarrangiamento del DNA che porti all'assemblaggio di un gene funzionale. Questo comporta che da ogni gruppo di segmenti genici venga "scelto" uno specifico segmento: l'unione dei segmenti prescelti formerà la sequenza codificante per una specifica catena polipeptidica. Un'utile analogia è quella in cui la famiglia dei geni delle immunoglobuline viene immaginata come un mazzo di carte da gioco: ogni linfocita maturo rappresenta un giro di mano dove cinque o sei carte vengono prelevate dal mazzo e disposte sul tavolo così come avviene per il genotipo di questa cellula. In questo modo, la famiglia genica delle immunoglobuline, che consiste in alcune decine di singoli segmenti genici, può essere riorganizzata in milioni di possibili genotipi, ognuno dei quali in grado di produrre una differente molecola anticorpale.

Il processo di riarrangiamento del gene per la catena pesante è mostrato schematicamente nella Figura 6.6. I geni devono essere allestiti a partire dai gruppi di segmenti genici V, D e J in modo da produrre un segmento genico riarrangiato VDJ che codifica per la regione variabile della catena pesante. Appena un linfocita pre-B nel centro di germinazione di un linfonodo o del midollo osseo incomincia a differenziarsi, il primo passo che compie consiste nella giunzione di un segmento D con un segmento J mediante un riarrangiamento del DNA che comporta la perdita dei segmenti D posti a valle di quello prescelto e dei segmenti J posti a monte di quello prescelto. Il secondo passo consiste nella giunzione di un segmento V con l'unità DJ mediante un secondo riarrangiamento del DNA che comporta la perdita dei segmenti V posti a valle di quello prescelto e dei segmenti D posti a monte dell'unità DJ. L'unità VDJ così formata è destinata ad essere saldata, nell'RNA maturo, al segmento C che codifica per la regione costante. Il linfocita in via di maturazione non sarà mai in grado di invertire il corso del pro-

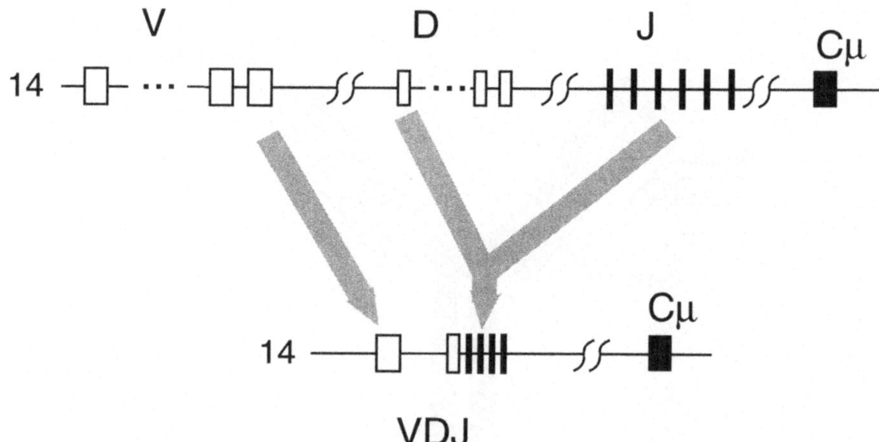

Fig. 6.6. La catena pesante dell'immunoglobulina viene espressa in seguito al riarrangiamento genico che porta alla fusione di segmenti genici provenienti da diversi gruppi posti sul cromosoma 14

prio destino: si è permanentemente privato di gran parte dei segmenti genici a sua disposizione per la sintesi delle immunoglobuline ed è ormai destinato a produrre esclusivamente un unico specifico anticorpo. Un riarrangiamento genico molto simile avviene per i geni della catena leggera kappa sul cromosoma 2 e per i geni della catena leggera lambda sul cromosoma 22.

A questo punto potrebbe sorgere il dubbio che il processo descritto sia di difficile realizzazione e in effetti tale è. I linfociti riescono a portare a termine con successo il proprio lavoro da ingegneri genetici di se stessi approssimativamente soltanto in un caso su tre. Di norma, i linfociti che falliscono nel loro tentativo di riarrangiamento genico vanno incontro ad apoptosi. Questa bassa frequenza di successo è in parte spiegata dalla necessità che i geni siano assemblati in fase tra di loro, in modo da produrre un ORF traducibile in proteina. Dovrebbero essere evidenti i rischi insiti in questo processo: tutta questa attività di *splicing* rende possibile il verificarsi di errori. Nel prossimo capitolo vedremo come il linfoma maligno sia la conseguenza di un processo di riarrangiamento genico conclusosi negativamente.

Per quanto ne sappiamo, i linfociti sono le uniche cellule dell'organismo che riarrangiano i propri geni: non è stata scoperta nessun'altra cellula in cui i geni vengano selettivamente riarrangiati all'interno di un processo fisiologico. I linfociti riarrangiano i propri geni per realizzare la diversità anticorpale: da poche decine di geni solamente, si ottengono milioni di anticorpi diversi. Il riarrangiamento genico è un sistema così ingegnoso da indurre a credere che verrà scoperto anche in altri sistemi dell'organismo, come il cervello.

Riarrangiamento dei geni dei recettori dei linfociti T

La biologia molecolare dei linfociti T è abbastanza simile a quella dei linfociti B, con l'unica eccezione costituita dal fatto che la proteina prodotta dal riarrangiamento genico che si verifica nelle cellule T è destinata a rimanere fissa sulla superficie in qualità di molecola recettoriale. Inoltre, il recettore della cellula T (TCR) interagisce solo indirettamente con l'antigene estraneo anzichè mediante un legame diretto come nel caso degli anticorpi. I recettori delle cellule T che controllano le interazioni immunitarie contengono quattro principali catene proteiche, α, β, γ e δ che vengono combinate per generare le complicatissime molecole recettoriali di superficie. Queste proteine vengono sintetizzate da genomi riarrangiati in un processo simile al riarrangiamento dei geni delle immunoglobuline nei linfociti B. Come è possibile vedere nella Figura 6.7, il recettore della cellula T è un complicato assemblaggio di proteine globulari (α, β, γ, δ, ε e ζ) ognuna delle quali è composta da numerose catene polipeptidiche codificate da differenti geni riarrangiati! La Figura 6.7 rappresenta una versione semplicata del recettore CD3 della cellula T; al progredire della maturazione del linfocita T verso il sottogruppo *helper* o quello *suppressor* vengono aggiunti altri elementi al complesso.

A questo punto va detto che le nostre conoscenze di genomica funzionale sono state messe duramente alla prova e sono risultate incomplete. In questo libro

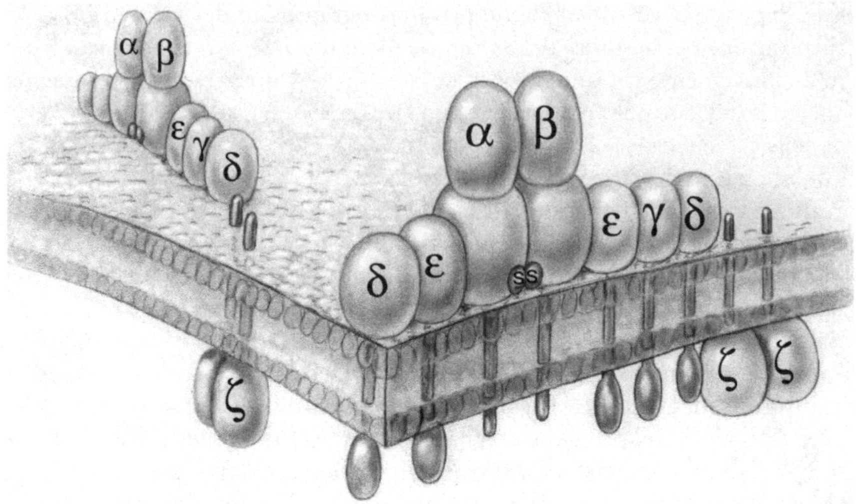

Fig. 6.7. La rappresentazione grafica del recettore CD3 del linfocita T mette in luce la complessità della sua struttura, composta da numerose proteine che collegano la superficie della cellula con il citoplasma

abbiamo insistito sul rapporto tra geni e proteine. Ciò che non abbiamo trattato sono gli altri aspetti, come avvolgimento, aggregazione e organizzazione spaziale, necessari alle proteine per formare una struttura come quella del recettore delle cellule T: in effetti, non sappiamo come tutto questo avvenga.

Test di laboratorio per l'analisi del riarrangiamento genico

Le leucemie e i linfomi sono neoplasie delle cellule ematiche e del sistema immunitario caratterizzate da un'espansione clonale di un elemento cellulare precursore anormale. Per rilevare la presenza di un clone cellulare anormale sono disponibili numerosi metodi che stanno assumendo un'importanza sempre maggiore nella diagnosi delle leucemie e dei linfomi. Si consideri la normale distribuzione di genomi riarrangiati in un campione di linfociti prelevati dal sangue o da un linfonodo. Questo gruppo di linfociti sarà policlonale, essendo formato da una miscela di linfociti B e T specifici per antigeni differenti. Se viene effettuato un *Southern blot* o una PCR sui geni delle immunoglobuline, ogni singolo linfocita fornirà un diverso profilo di bande specifico dei geni delle immunoglobuline riarrangiati: si vedrà una singola banda grossolana che in realtà altro non è che la sovrapposizione, l'una sull'altra, di migliaia di flebili bandine. Questo è esattamente lo stesso risultato che si ottiene se si analizzano le immunoglobuline del siero mediante immunoelettroforesi: le numerose, diverse molecole di IgG formeranno un'unica banda grossolana.

In un linfoma, gran parte dei linfociti presenti in un campione di sangue o in una biopsia di un linfonodo provengono da un singolo clone. L'analisi dei geni delle immunoglobuline riarrangiati mostrerà una banda chiaramente definita che si staglia su tutte le altre. La Figura 3.2, descritta quando è stata presentata la tecnica del *Southern blot*, costituisce un esempio di analisi di un linfoma a cellule T che evidenzia un singolo clone dominante che contiene un gene del recettore delle cellule T riarrangiato. La Figura 6.8 mostra un'analisi PCR relativa al riarrangiamento dei geni delle immunoglobuline; in questa analisi si vuole individuare un gene delle immunoglobuline riarrangiato derivante da una traslocazione cromosomica t(14;18). La natura del linfoma follicolare e del suo errato riarrangiamento genico verrà trattata nel prossimo capitolo. La Figura 6.8 viene mostrata in questo capitolo per mettere in evidenza come l'analisi di un gene immunitario riarrangiato possa portare al rilevamento dei cloni anormali che caratterizzano i linfomi. Non si sa quanto spesso si verifichino errori a carico del riarrangiamento dei geni immunitari, né si sa quanto spesso gli errori sfuggano al rilevamento e inducano, quindi, lo sviluppo di un linfoma. La PCR è una tecnica molto sensibile per il rilevamento delle cellule di linfoma. Altri metodi disponibili sono l'**ibridazione** *in situ* **fluorescente** (FISH, *Fluorescent In Situ Hybridization*) e l'immunofenotipizzazione mediante citometria a flusso. La FISH è un buon metodo per individuare errori molto specifici, soprattutto quelli che portano a una traslocazione cromosomica. L'immunofenotipizzazione si rivolge ai recettori proteici posti sulla superficie dei linfociti: un quadro anorma-

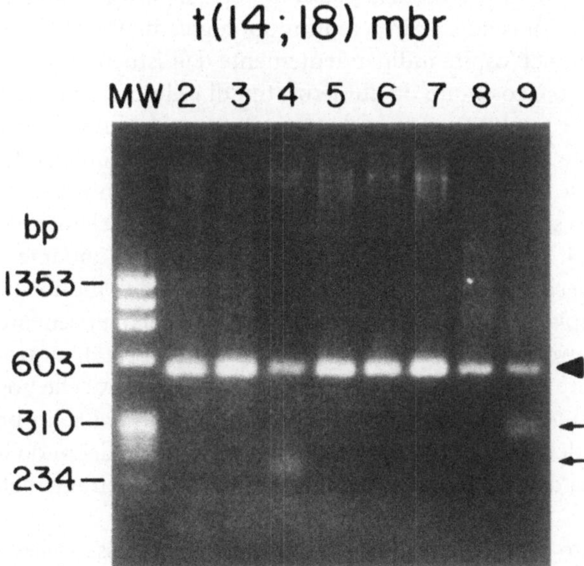

Fig. 6.8. Elettroforesi su gel di agarosio dei prodotti di una PCR effettuata per individuare un clone di linfociti B anormali associati alla traslocazione cromosomica t(14;18). Un risultato positivo è visibile nei campioni corrispondenti ai pazienti 4 e 9 (frecce). La testa di freccia grande indica il prodotto di amplificazione di un gene normale

le rivela la classe funzionale o la linea cellulare del linfoma. Per l'analisi dell'attività genica di un linfoma, successivamente alla terapia, è possibile usare un *expression array* simile a quello dell'esempio mostrato nella Figura 3.6. Tutte queste tecniche molecolari hanno fatto dei linfomi e delle leucemie le neoplasie più accuratamente studiate.

Trapianto di midollo osseo

Il trapianto del midollo osseo permette il reintegro delle cellule ematiche dell'ospite. Quello del midollo osseo è, per molte ragioni, un trapianto d'organo peculiare. Non è richiesta la chirurgia: le cellule del midollo osseo vengono prelevate dal donatore mediante aspirazione e trapiantate nell'ospite mediante infusione per via endovenosa, esattamente come si fa per la trasfusione di sangue. Le cellule staminali del midollo osseo del donatore trasfuse nel sangue periferico si installano nel midollo osseo, probabilmente in risposta a fattori locali propri del microambiente presente negli spazi midollari delle ossa. Il donatore va incontro solo temporaneamente al depauperamento del midollo osseo in quanto la ricostituzione è rapida. Le cellule staminali del donatore possono essere prelevate sia mediante aspirazione del midollo osseo che mediante aferesi del sangue, con successiva concentrazione delle rare cellule staminali. Un'altra fonte di cellule staminali ematopoietiche è il sangue del cordone ombelicale, cioè il sangue fetale, di solito eliminato, che fuoriesce dalla placenta dopo il parto. Il sangue del cordone ombelicale è ricco di cellule staminali immunologicamente vergini, che possono essere trapiantate nell'ospite indipendentemente dall'istocompatibilità.

Il midollo osseo è costituito da numerosi tipi di cellule, ma la sua funzione può essere interamente reintegrata fornendo un numero anche limitato di cellule staminali poiché queste sono dotate della capacità di dividersi e quindi di aumentare il loro numero. In seguito ad adeguati segnali costituiti da fattori di crescita, le cellule del midollo osseo si differenziano e danno origine a tutti gli elementi cellulari ematici rossi e bianchi. Il midollo osseo è un organo immunologicamente attivo nel senso che contiene e rigenera cellule linfoidi oltre a granulociti, monociti, globuli rossi e piastrine. Il trapianto del midollo osseo riserva il problema peculiare della malattia trapianto-contro-ospite (GVHD, *Graft-Versus-Host Disease*) in quanto il midollo osseo del donatore contiene cellule immunologicamente attive che possono entrare in conflitto con i tessuti dell'ospite. Ciò significa che, oltre ai soliti problemi derivanti dal rigetto dell'organo da parte dell'ospite, il trapianto del midollo osseo comporta il problema del rigetto dell'ospite da parte dell'organo trapiantato! La GVHD può essere fatale.

Come riportato nella Tabella 6.1, il trapianto di midollo osseo viene utilizzato per la terapia di vari tipi di patologie: (1) neoplasie ematologiche nelle quali il midollo maligno viene soppresso da un'intensa chemioterapia; (2) gravi difetti congeniti a carico della sintesi di emoglobina, come la talassemia maggiore e l'anemia falciforme; (3) l'immunodeficienza combinata grave congenita (SCID, *Severe Combined*

Tabella 6.1. Patologie candidate per la terapia genica basata sul trapianto di midollo osseo

Patologia	Gene	Cellule bersaglio
Deficit di adenosina	Adenosina deaminasi deaminasi (ADA)	Linfociti
Anemia falciforme	Emoglobina A	Cellule eritroidi del midollo osseo
Emofilia		Fattore VIII o IX Macrofagi del fegato
Malattia di Gaucher	Glucocerebrosidasi	Macrofagi del fegato
Mielosoppressione da	*MDR1* chemioterapici	Cellule staminali del midollo osseo

Immune Deficiency), nella quale il trapianto di midollo osseo ricostituisce il sistema immunitario; (4) malattie metaboliche, come la malattia di Gaucher, in cui il miglioramento della funzione fagocitica derivata dal midollo osseo può limitare le manifestazioni sistemiche della malattia; (5) cancro metastatico, nel quale il midollo osseo viene soppresso dalla chemioterapia antitumorale.

La medicina molecolare ha reso possibile lo sviluppo di utili test diagnostici per il trapianto di midollo osseo. Mediante il DNA *fingerprinting* è possibile saggiare un campione di sangue per verificare se le cellule provengono dall'ospite o dal donatore. Questo test può essere usato per stabilire se l'innesto ha attecchito. A volte, dopo il trapianto, il midollo diviene chimerico, essendo costituito da cellule staminali sia dell'ospite che del donatore. Quando il trapianto di midollo osseo è utilizzato per il trattamento della leucemia, sonde a DNA possono essere utilizzate per monitorare la presenza di una residua traccia di leucemia e per verificare l'innesto delle cellule del donatore.

Il trapianto di midollo osseo può essere di tipo allogenico quando proviene da un donatore, di solito un fratello, compatibile per l'antigene leucocitario umano (HLA, *Human Leukocyte Antigen*), oppure quando vengono utilizzate le cellule del sangue del cordone ombelicale, che sono troppo immature dal punto di vista immunologico per comportare problemi di istocompatibilità. In alternativa, il trapianto può essere autologo: il midollo viene prelevato dal paziente, conservato, trattato al di fuori dell'organismo e infine reintrodotto nel paziente stesso. I trapianti autologhi risultano particolarmente utili nel caso del cancro metastatico, che richiede una chemioterapia intensiva: le cellule del midollo osseo del paziente vengono prelevate, conservate al di fuori dell'organismo durante la somministrazione dei farmaci chemioterapici e quindi reintrodotte.

Ingegneria genetica delle cellule del midollo osseo

Il midollo osseo è, per vari motivi, un ideale candidato per l'introduzione di cellule geneticamente ingegnerizzate nell'organismo. Innanzitutto, la manipolazione genetica delle cellule del midollo osseo si avvantaggia della relativa facilità con cui esse possono essere prelevate e successivamente reintrodotte. Inoltre, il midollo osseo costituisce in pratica un'enorme fabbrica per la produzione di cellule: un piccolo numero di cellule staminali è già da solo capace di ripopolare l'intero midollo. Nell'uomo, la reintroduzione di 10^{10} cellule, approssimativamente 10 grammi di tessuto, porta alla ripopolazione dell'intero midollo osseo, che corrisponde a circa 1.000/2.000 grammi di tessuto. In via teorica è possibile che l'intero midollo osseo umano possa essere ricostituito dall'innesto di una singola cellula staminale. Infine, le cellule staminali di midollo osseo geneticamente ingegnerizzate si trasferiscono autonomamente dal punto di infusione alla loro corretta collocazione. Una quantità di cellule anche molto esigua può proliferare fino a raggiungere un vasto numero, amplificando, così, enormemente l'effetto del gene trapiantato.

Il primo trasferimento genico nell'uomo

Il primo trasferimento genico nell'uomo, nonostante fosse un piccolo passo, per giunta portato avanti silenziosamente e quasi di nascosto negli Stati Uniti presso i *National Institutes of Health* (NIH) il 14 settembre 1990, ha costituito un momento storico. Per la prima volta l'uomo non si trovava solo a esaminare il proprio assetto genetico ma stava tentando anche di ristrutturarlo. I geni di tutti gli organismi sono in un costante stato evolutivo: il patrimonio genetico di una specie si modifica, nel corso del tempo, per adattarsi maggiormente al suo ambiente. Nel 1990, solo quindici anni dopo l'inizio della rivoluzione del DNA ricombinante e dieci anni prima della conclusione del sequenziamento del genoma umano, fu effettuato il primo trasferimento genico in un paziente nel tentativo di modificare il suo assetto genetico allo scopo di correggere una mutazione. La capacità dell'uomo di leggere e modificare il proprio genoma non ha precedenti nel quadro dell'adattamento biologico all'ambiente.

Nel Capitolo 1 abbiamo paragonato il genoma umano a una biblioteca. Uno dei punti deboli di questa analogia è che in realtà il genoma umano differisce da una libreria in quanto non possiamo incrementare o modificare il suo contenuto. Col trasferimento genico il discorso cambia. Ora l'umanità può non soltanto leggere cosa c'è scritto nel genoma ma anche scrivervi nuove informazioni ed effettuarvi correzioni. La capacità di alterare il genoma umano non è esente da rischi. Anche se abbiamo appena cominciato a comprendere il genoma, abbiamo già avuto il coraggio di pensare di modificarlo.

Il primo trasferimento genico umano fu eseguito per motivi di natura puramente medica: l'obiettivo era quello di curare un bambino affetto da una malattia letale. La realizzazione di questo trasferimento genico ha comportato il superamento di notevoli difficoltà: le procedure burocratiche e la valutazione da parte delle autorità governative sono risultate molto più complicate e hanno richiesto molto più tempo di quanto non sia accaduto per gli studi genetici e la manipolazione del gene. La malattia da cui il paziente era affetto consisteva nel deficit di adenosina deaminasi (ADA), una malattia ereditaria che è alla base del 25% dei casi di SCID. I pazienti affetti dal deficit di ADA sviluppano, a partire dall'infanzia, ricorrenti e gravi infezioni opportunistiche. Tali infezioni, qualora non vengano trattate, sono di norma letali entro il primo anno di vita. Persino con la terapia intensiva di qualsiasi infezione successiva, il quadro si conclude con il decesso. In passato si è tentato di gestire il problema confinando i bambini affetti da deficit di ADA in un ambiente sterile, il cosiddetto "bambino nella bolla di vetro".

Il deficit di adenosina deaminasi viene ereditato come un carattere autosomico recessivo. Fortunatamente, esso è abbastanza raro, con un'incidenza stimata di dieci casi su un milione di nascite. La causa del deficit immunologico che caratterizza la malattia è la selettiva tossicità a carico dei linfociti, sia la linea cellulare T che quella B, provocata dall'accumulo di metaboliti della deossiadenosina. I linfociti sono ipersensibili ai metaboliti della deossiadenosina e sono le uniche cellule gravemente danneggiate nella sindrome da deficit di ADA.

Varie sono le ragioni che hanno indotto a scegliere il deficit di ADA come bersaglio per una terapia basata sul trasferimento genico. I dottori Anderson, Blease, Rosenberg e i loro collaboratori all'NIH volevano effettuare un trasferimento genico che non richiedesse la modifica del patrimonio genetico della linea germinale di un individuo. In altre parole, non volevano correggere una mutazione trasformando l'individuo in un organismo transgenico, per ragioni di sicurezza e per i timori associati all'eventuale alterazione del patrimonio genetico di un essere umano. In teoria, il deficit di ADA poteva essere corretto mediante l'inserzione di una copia *wild-type* del gene in uno ristretto numero di linfociti: un piccolo primo passo per il trasferimento genico.

Alcuni pazienti con deficit di ADA sono stati curati mediante un trapianto di midollo osseo allogenico proveniente da un donatore HLA-compatibile, conclusosi con successo. Con disappunto va detto che solo per una ridotta minoranza di pazienti è disponibile un donatore compatibile, il che limita la possibilità di applicare questa terapia. Il successo ottenuto dimostra, tuttavia, questo principio: se si forniscono sufficienti cellule funzionali al paziente, il deficit verrà corretto. Le altre ragioni per scegliere il deficit di ADA per un primo tentativo di trasferimento genico nell'uomo erano di tipo strettamente pratico: si tratta di una patologia monogenica, il cui gene responsabile, il gene ADA, era stato già da tempo clonato. Il trapianto di linfociti trasfettati con un gene ADA normale avrebbe dovuto assicurare una fonte sufficiente di enzima. Il livello finale di espressione del gene ADA trasferito non è critico, dato che, all'interno di un ampio intervallo di livelli dell'enzima, il deficit risulta comunque corretto senza, per di più, che vengano introdotti ulteriori problemi di tossicità. Inoltre, il miglioramento clinico della funzione immunitaria si osserva anche nel caso in cui il deficit sia stato corretto solo in una parte dei linfociti.

La prima parte della procedura è consistita nel prelevare i linfociti dal sangue del paziente. Queste cellule sono state quindi trasfettate con una copia *wild-type* del gene ADA inserita in un vettore virale. Un rischio teorico era costituito dalla possibilità che il vettore virale, dopo la reintroduzione delle cellule nel paziente, infettasse altre cellule trasferendo il transgene ADA, prodotto in laboratorio, in cellule diverse dal bersaglio voluto. Tuttavia, studi su animali hanno dimostrato che non esiste il rischio di un'indesiderata diffusione del gene da parte del vettore. Dopo aver verificato che i linfociti del paziente avessero acquisito il gene, è iniziato il trapianto vero e proprio, senza che ne venisse data ufficialmente notizia. Le cellule ematiche geneticamente modificate sono state semplicemente reinfuse nel paziente attraverso una vena del braccio. Ripetute infusioni di linfociti geneticamente modificati sono state portate avanti per due anni nel paziente in questione e, contemporaneamente, anche in un altro paziente. Le cellule sono sopravvissute nel sangue e i livelli di ADA si sono innalzati. Nel frattempo, i pazienti hanno ricevuto anche altre terapie contro il deficit di ADA: non c'è mai stata l'intenzione di presentare il trasferimento genico come la cura definitiva. Era un piccolo primo passo che dimostrava la fattibilità e metteva in luce molti degli aspetti tecnici del trasferimento genico.

Corollario: l'uomo chimerico

Le procedure di trasferimento genico nell'uomo potrebbero progredire con molta rapidità. Anche se l'interesse è concentrato sugli aspetti scientifici e tecnologici di base, si deve guardare avanti e non lasciarsi sfuggire le possibili evoluzioni, come l'ipotesi che viene descritta di seguito. Subito dopo il concepimento, si potrebbe trasfettare lo zigote con geni che assicurino un'immunità estesa per tutta la vita contro un certo numero di virus come quello dell'influenza, l'HIV, l'HCV e l'HPV. Di fatto, questa sarebbe una vaccinazione in utero. Successivamente, al momento della nascita, si potrebbe ritenere opportuno conservare un campione del sangue del cordone ombelicale. Questo potrebbe essere il momento giusto per inserire alcuni geni nel midollo osseo del neonato: si potrebbe, per esempio, migliorare il metabolismo lipidico pensando a sistemi che inducano un abbassamento del livello del colesterolo. Poco tempo dopo, il bambino viene sottoposto a uno screening per le malattie genetiche e i fattori di rischio. Si potrebbe, a questo punto, procedere con qualche specifica terapia genica o scegliere di aspettare il momento opportuno. Durante la crescita, si potrebbe sottoporre il bambino alla somministrazione di ulteriori vaccini a DNA contro malattie infettive e al trasferimento di ulteriori geni allo scopo di migliorare la sua difesa contro altri fattori di rischio. Con il procedere della vita, e della medicina molecolare, potrebbero essere realizzati ulteriori interventi di terapia genica. Il trapianto di cellule staminali di cartilagine nelle ginocchia potrebbe essere preso in considerazione in seguito ai primi segni di danno cronico causato da attività sportive come il football o lo sci. Decenni dopo, il nostro paziente, oramai in età matura, potrebbe essere sottoposto a ulteriori terapie geniche contro specifiche patologie. Cure contro malattie croniche potrebbero essere praticate mediante l'inserimento di un transgene che sintetizzi il farmaco direttamente nel midollo osseo o nel fegato, permettendo, così, di evitare la dose quotidiana di pillole. In età avanzata, la terapia genica potrebbe essere indirizzata al trattamento del cancro o potrebbe costituire un sistema di rigenerazione di organi invecchiati.

Una **chimera** è un organismo composto da due o più linee cellulari geneticamente diverse. Finché non è stata acquisita la capacità di trasferire geni, le chimere potevano formarsi solo in seguito a eventi rarissimi. Esse, infatti, sono la conseguenza della fusione di due zigoti geneticamente differenti in un unico embrione o della colonizzazione limitata di un embrione da parte di cellule provenienti da quello di un gemello non identico. In futuro, l'umanità potrebbe decidere di rendere consueta la pratica di arricchimento del proprio genoma naturale mediante l'aggiunta di geni terapeutici e questo porterebbe, di fatto, alla nascita di un'umanità che potremmo definire "chimerica".

Riepilogo

Il sistema immunitario consiste in una complessa interazione di numerosi tipi di cellule distribuiti in tutto il corpo e circolanti nel sangue. La medicina molecolare ha analizzato il sistema immunitario più di ogni altro sistema grazie alla sua accessibilità e alla relativa facilità con cui le cellule del midollo osseo possono essere coltivate *in vitro*. È stato visto come i linfociti agiscano da ingegneri genetici di se stessi quando riarrangiano i loro geni per predisporsi a rispondere agli antigeni. L'interazione di numerose classi di cellule immunitarie è modulata da recettori cellulari di superficie e da citochine secrete. Stiamo imparando il linguaggio del sistema immunitario: l'analisi dell'espressione genica mediante *microarrays*, insieme ad altre tecniche, ci svela ciò che le cellule esprimono di volta in volta. Da queste conoscenze consegue che le cellule del sangue e del midollo osseo sono gli elementi di prima scelta per le manipolazioni genetiche che vengono tentate a fini terapeutici.

Bibliografia

LeBien TW (2000) Fates of human B-cell precursors. *Blood* 96:9-22
Rich RR (ed) (1996) *Clinical Immunology*. St. Louis: Mosby-Year Book
Simpson S, Hurtley SM, Marx J (2000) Frontiers in cellular immunology. *Science* 290:79-100
Stamatoyannopoulos G, Majerus PW, Perlmutter RM, Varmus H (eds) (2001) *The Molecular Basis of Blood Diseases*, 3rd ed. Philadelphia, WB Saunders
Willis TG, Dyer MJS (2000) The role of immunoglobulin translocations in the pathogenesis of B-cell malignancies. *Blood* 96:808-822

CAPITOLO 7

Il cancro

Introduzione

Il cancro è la malattia della proliferazione cellulare incontrollata: esso è la conseguenza di una serie di difetti acquisiti nel DNA che portano a una deregolazione dei processi di crescita delle cellule. La cellula danneggiata si trasforma da benigna in maligna e diviene indipendente dai normali segnali regolatori. Tale cellula trasformata si moltiplica fino formare un clone di cellule maligne e infine un tumore. Il tumore maligno invade i tessuti adiacenti e produce metastasi.

L'approccio molecolare al cancro va diretto al nocciolo della questione. Studi svolti a livello molecolare hanno permesso di chiarire molti dei meccanismi che inducono una cellula normale ad acquisire il fenotipo tumorale. Queste scoperte hanno rivelato che il cancro è un processo a più stadi che comporta la progressiva perdita di controllo da parte della cellula mutata e il mancato funzionamento dei sistemi di riparazione del DNA. Sono stati scoperti gli oncogèni che controllano la crescita delle cellule attraverso la via di trasduzione del segnale: quando tali geni sono mutati, la regolazione viene a mancare. Sono stati inoltre scoperti i geni oncosoppressori che costituiscono l'ultima linea difensiva nel processo di riparazione del DNA. Il cancro è sempre caratterizzato da mutazioni negli oncogèni e nei geni oncosoppressori.

Questo capitolo inizia con una descrizione a livello molecolare del processo della carcinogenesi. Tali conoscenze vengono, quindi, applicate a problemi clinici quali il cancro del colon, il cancro della cervice uterina e il linfoma. Infine, verranno descritte le nuove terapie molecolari suggerite dalle conoscenze recentemente acquisite riguardo alle basi molecolari del cancro.

La carcinogenesi come processo a più stadi

La carcinogenesi è un processo in cui agenti esterni (i carcinògeni) inducono mutazioni negli **oncogèni** e nei **geni oncosoppressori**, le quali, a loro volta, innescano lo sviluppo del cancro. Le principali categorie di carcinògeni sono costituite da agenti chimici e da radiazioni. I carcinògeni danneggiano il DNA provocando rotture nei filamenti o interferendo con la replicazione: entrambi questi eventi possono causare una mutazione.[1] Il danno al DNA può verificarsi anche durante la replicazione in seguito a un errore di copiatura. La maggior parte dei danni subiti dal DNA viene riparata. Se il danno è eccessivo e, pertanto, non può essere riparato, la cellula genera un segnale interno che innesca il processo di apoptosi. Alcuni virus sopprimono la riparazione del DNA e costituiscono, quindi, un'altra possibile fonte di mutazioni. Gran parte dei danni al DNA non comporta conseguenze significative in quanto si verifica in punti silenti all'interno di cellule non in fase di divisione appartenenti a diversi tessuti somatici. Soltanto se il danno non viene riparato e la mutazione che ne consegue interferisce con il normale andamento della crescita cellulare si può innescare il processo che conduce al cancro. Il cancro è quindi una malattia dalle molteplici eziologie causata da errori nella gestione dell'informazione racchiusa nel DNA. A ognuna delle cellule del corpo umano è richiesto di essere contemporaneamente un'entità individuale e un leale componente di un organismo multicellulare: il cancro è un cedimento nella trama di dipendenza reciproca delle cellule.

È necessario che vengano superati più stadi perché si sviluppi una neoplasia maligna pienamente invasiva. La Figura 7.1 descrive in maniera schematica questo processo come una serie di numerosi "colpi" successivi. Quando una cellula normale subisce un "colpo" che danneggia il suo DNA, essa può soccombere come diretta conseguenza di quel danno oppure può innescare un tentativo di riparazione. Qualora tale tentativo dovesse fallire, in quanto l'entità del danno eccede le sue capacità di riparare il DNA, la cellula va incontro ad apoptosi. In qualche raro caso la cellula danneggiata può sopravvivere, non riparata e displastica, e magari dotata di un vantaggio replicativo. Successivamente, a uno dei discendenti clonali di questa cellula mutata può essere assestato un secondo colpo, le cui conseguenze sono più o meno simili. Poi, un terzo colpo aggrava il danno e, infine, la cellula può morire o diventare esplicitamente maligna. La successione di questi stadi richiede tempo: il cancro, infatti, è una patologia la cui frequenza aumenta notevolmente con l'età. La Figura 7.2, che riporta un grafico costruito con dati provenienti da un esteso studio statistico (vedere Ries *et al.*, 1996), evidenzia la crescita esponenziale della mortalità per cancro a partire dall'età di cinquant'anni.

Oncogèni

Gli oncogèni sono geni coinvolti nel controllo della proliferazione cellulare; essi sono presenti nel genoma umano come in quello di gran parte degli organismi superiori. Questi geni sono stati denominati "oncogèni" in quanto sono stati osservati per la prima volta in cellule tumorali e in virus associati al cancro. Anni fa, si pensava che il cancro potesse essere causato dall'acquisizione, da parte di una cellula umana, di un oncogène di un virus che l'avesse infettata. In seguito si è com-

---

[1] Una mutazione in una cellula somatica acquisita durante la carcinogenesi è molto diversa da una mutazione ereditaria.

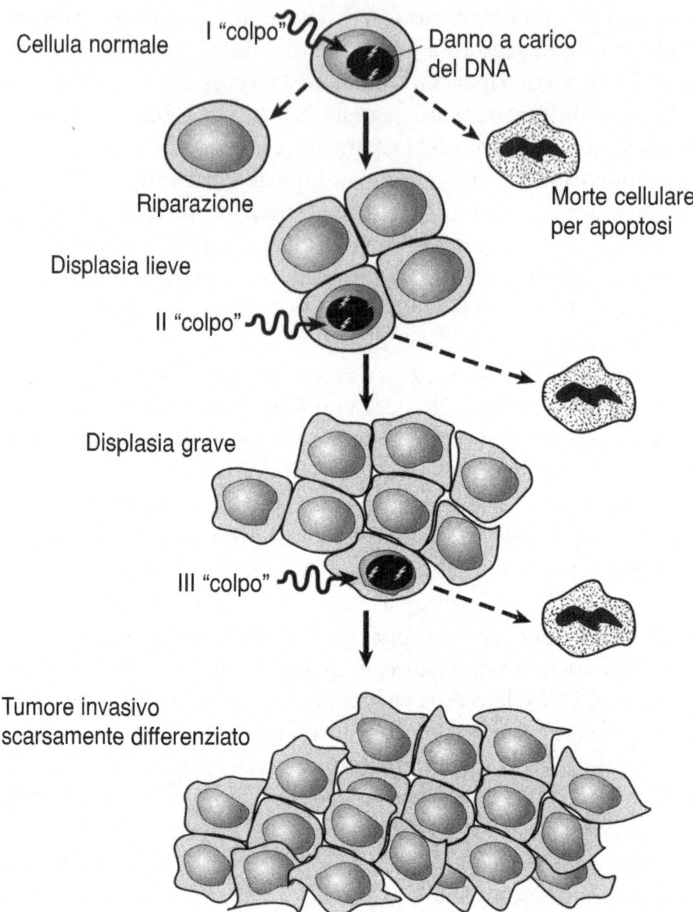

Fig. 7.1. Il processo a più stadi della carcinogenesi inizia quando una cellula normale subisce un "colpo" che danneggia il suo DNA. Se il danno non può essere riparato, la cellula muore oppure va incontro ad apoptosi. Raramente sopravviverà anche in assenza di riparazione. Un secondo colpo a carico della sua progenie clonale fa avanzare il processo. Se la cellula subisce ancora un terzo colpo, e neanche questa volta entra in apoptosi, il risultato finale sarà un tumore invasivo

preso che, in realtà, sono stati i virus a catturare il gene dal nostro genoma. I retrovirus contengono nel proprio genoma una versione particolare di oncogèni "presi a prestito" dalle cellule da loro infettate. Essi usano l'oncogène come un grimaldello per scardinare la regolazione della crescita cellulare in modo da rendere la cellula un ospite più favorevole al virus stesso. Solo di rado il virus è posto alla base della sequenza di eventi necessaria per lo sviluppo di un tumore.

Nella loro versione normale non mutata gli oncogèni presiedono a funzioni fisiologiche coinvolte nella via di trasduzione del segnale (vedere Capitolo 2 e Figura 2.6). Finora sono stati scoperti più di 100 oncogèni, alcuni dei quali sono ripor-

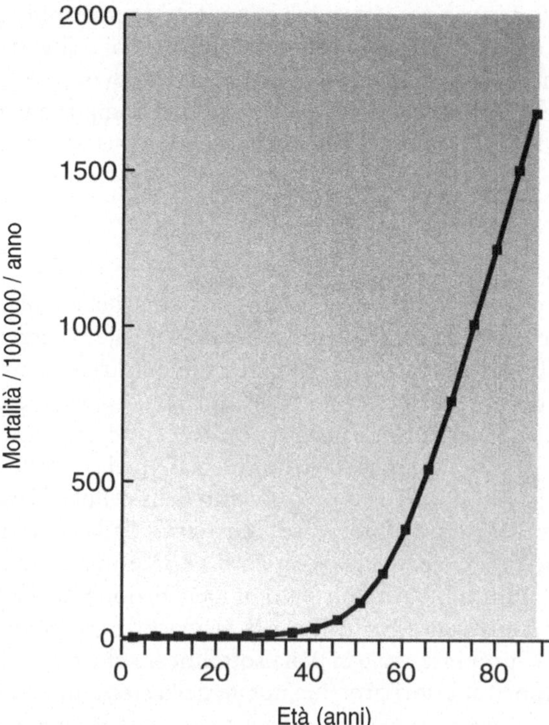

Fig. 7.2. Il tasso di mortalità per cancro si innalza drasticamente con l'avanzare dell'età

Tabella 7.1. Esempi di alcuni tipi differenti di oncogèni

Oncogène	Ruolo nella trasduzione del segnale	Tumore
abl	Tirosina chinasi trasduttore membranario del segnale	Leucemia mieloide cronica
erbB	Tirosina chinasi trasduttore membranario del segnale	Mammario
K-ras	Proteina intracitoplasmatica legante la guanosina trifosfato (GTP)	Pancreatico o polmonare
myc	Fattore trascrizionale nucleare	Leucemia mieloide acuta
sis	Fattore di crescita derivato dalle piastrine (PDGF)	?

tati nella Tabella 7.1 insieme al ruolo da loro svolto nella via di trasduzione del segnale e ai tumori associati alle loro forme mutate.

La via di trasduzione del segnale è cruciale per il mantenimento della regolazione delle cellule in qualità di unità facenti parte di un organismo multicellulare. Le cellule neoplastiche agiscono in maniera indipendente rispetto all'organismo, non ponendo limiti alla propria proliferazione in risposta a opportuni segnali. Esse falliscono anche nel portare avanti le loro normali funzioni cellulari e, inoltre, non esistono fattori che le costringano a rimanere nel luogo di origine. Il quadro clinico neoplastico deriva da tutti questi "passi falsi" nel comportamento cellulare: i tumori crescono per poi infiltrare i tessuti circostanti e metastatizzare.

ABL

ABL è un oncogène codificante per una tirosina chinasi che svolge il compito di recettore di superficie nella via di trasduzione del segnale (vedere la Figura 2.6). Mutazioni nella tirosina chinasi alterano la funzione del recettore deregolando la risposta della cellula ai segnali esterni. Più avanti verrà spiegato come una mutazione di *ABL* sia la "causa" della leucemia mieloide cronica. *ABL* è un classico oncogène dotato di tutte le caratteristiche riportate nella Tabella 7.2: è un normale gene coinvolto nel normale funzionamento della cellula ed esiste anche nella forma virale v-*ABL* riscontrabile nel retrovirus della leucemia murina di Abelson. Nel cancro, inoltre, quella a carico di *ABL* è una mutazione somatica (non ereditata) che si traduce in uno stato di iperfunzionalità. Le tirosina chinasi sono, in genere, importanti bersagli per la farmacoterapia (come vedremo nel Capitolo 8) e a tale proposito vale la pena sottolineare che è possibile individuare geni codificanti per ulteriori proteine dotate della stessa funzione sottoponendo l'intero database del genoma umano all'analisi per la presenza di sequenze codificanti per il dominio tirosin-chinasico. È ragionevole ritenere che entro breve tempo saranno individuati tutti i recettori tirosina-chinasi-simili.

MYC

MYC è un oncogène più aggressivo di *ABL*. Mentre la proteina codificata da *ABL* è posta all'inizio della via di trasduzione del segnale, essendo un recettore di superficie, quella codificata da *MYC* è posta alla fine di tale via. *MYC* codifica,

Tabella 7.2. Caratteristiche degli oncogèni e dei geni oncosoppressori

Oncogène	Gene oncosoppressore
Esiste in forma virale	Non esiste una controparte virale
Si comporta come un carattere dominante: nei tumori, mutazione di un singolo allele	Si comporta come un carattere recessivo: nei tumori, mutazione in entrambi gli alleli
Il prodotto genico promuove la proliferazione cellulare	Il prodotto genico inibisce la proliferazione cellulare
Nei tumori, la mutazione conduce a uno stato di iperfunzionalità	Nei tumori, la mutazione determina una inattivazione
Mutazione somatica	Mutazione germinale o somatica

infatti, per una proteina nucleare che si lega direttamente al DNA, influenzando l'espressione di specifici geni: in altre parole, come si è visto nel Capitolo 2, la proteina MYC è un fattore trascrizionale. Mutazioni somatiche nel gene *MYC* costituiscono un importante passo nell'evoluzione clonale di un cancro. Esiste un certo numero di meccanismi, inclusa la traslocazione, come vedremo nell'esempio del linfoma di Burkitt, che provocano una mutazione in *MYC*. La mutazione di *MYC* può riguardare anche il suo promotore anziché la sequenza codificante. La superespressione di *MYC*, indipendentemente dal meccanismo che l'ha provocata, dà origine a un segnale molto forte e immediato che stimola la divisione cellulare.

Geni oncosoppressori

Molti geni oncosoppressori svolgono un ruolo nella riparazione del DNA. Senz'altro non sono stati ancora scoperti tutti gli appartenenti a questa categoria e solo parzialmente è compresa la funzione di alcuni di essi. Mentre gli oncogèni sono stati scoperti in associazione con virus oncògeni, i geni oncosoppressori sono stati scoperti in famiglie con una predisposizione ereditaria al cancro. La Tabella 7.3 riporta alcuni esempi. I geni oncosoppressori (per breve tempo chiamati anche antioncogèni) esercitano, dal punto di vista funzionale, un effetto quasi opposto a quello degli oncogèni. È la perdita della loro funzione a essere associata ai tumori a differenza di quanto accade per gli oncogèni che, nei tumori, mostrano un livello di funzionamento eccessivo. Questa e altre differenze sono riportate nella Tabella 7.2. Il modo migliore per comprendere i geni oncosoppressori è quello di analizzare in dettaglio alcuni esempi.

p53

Il fondamentale ruolo del gene oncosoppressore *p53* ha suscitato una grande attenzione, al punto che, nel 1996, la rivista *Newsweek* lo ha definito Molecola dell'Anno. La funzione della proteina codificata da *p53* è quella di sovrintendere alla riparazione del danno a carico del DNA della cellula. Come abbiamo visto

Tabella 7.3. Esempi di geni oncosoppressori

Gene	Sindrome ereditaria	Tumori
APC	Poliposi adenomatosa familiare	Polipi e cancro del colon
BRCA1, 2	Carcinoma mammario familiare	Carcinoma mammario
hMSH2	Cancro ereditario nonpoliposico del colon	Cancro del colon
p53	Sindrome di Li-Fraumeni	Numerose forme di neoplasie
RB1	Retinoblastoma familiare	Retinoblastoma e osteosarcomi

nel Capitolo 2, p53 arresta il ciclo cellulare a livello del *checkpoint* G1/S, conceden-
do alla cellula il tempo necessario per la riparazione del danno al DNA. Se il danno
non può essere riparato, p53 induce la cellula ad andare in apoptosi. Mutazioni
somatiche nel gene *p53* sono state riscontrate nel 50% dei tumori umani. Le cellule neoplastiche, una volta libere dalla sorveglianza di p53, accumulano ulteriori
danni al DNA e progrediscono verso un fenotipo ancora più maligno. La Figura 7.3
descrive la risposta al danno al DNA da parte di una cellula dotata della normale
proteina p53 e di una con la versione mutante della proteina. La sindrome di Li-
Fraumeni è una rara condizione ereditaria in cui una mutazione in uno dei due
alleli del gene *p53* porta a un'ampia gamma di neoplasie rare. Non si conosce alcuna patologia associata alla perdita ereditaria di entrambi gli alleli di *p53* o di qualsiasi altro gene oncosoppressore: probabilmente, una così grave incapacità di riparare il DNA non è compatibile con la vita. Le mutazioni somatiche di *p53* sono
molto più frequenti di quelle germinali. L'abolizione della funzione di *p53* può
essere il risultato di moltissime mutazioni differenti.

In ambito clinico, la funzione di p53 viene misurata in varie neoplasie. Il cancro
alla prostata e quello alla mammella sono frequentemente associati a mutazioni di
p53. La misurazione di p53 in questi, e anche in altri tumori, ha sia valore progno-
stico che, come vedremo alla fine di questo capitolo, implicazioni per la terapia. Il
modo più semplice (al momento) per misurare la funzione di p53 è l'analisi, su tessuto bioptico, dell'espressione della proteina mediante immunoistochimica basata
su un anticorpo contro p53. La maggior parte delle mutazioni di *p53*, anche se aboliscono la funzione, porta alla stabilizzazione della proteina, che in condizioni nor-

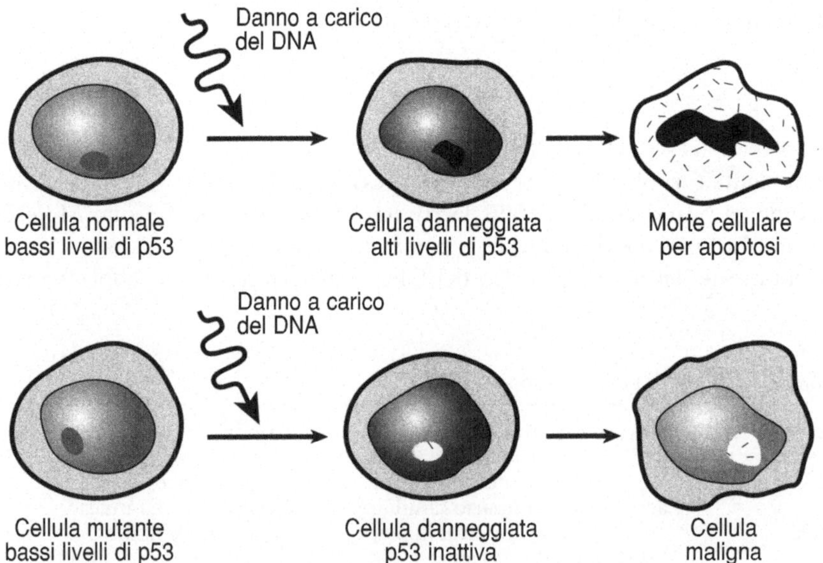

Fig. 7.3. Modello schematico dei percorsi alternativi in seguito a un danno al DNA in una
cellula con un gene *p53* normale e in una cellula con un gene *p53* mutante

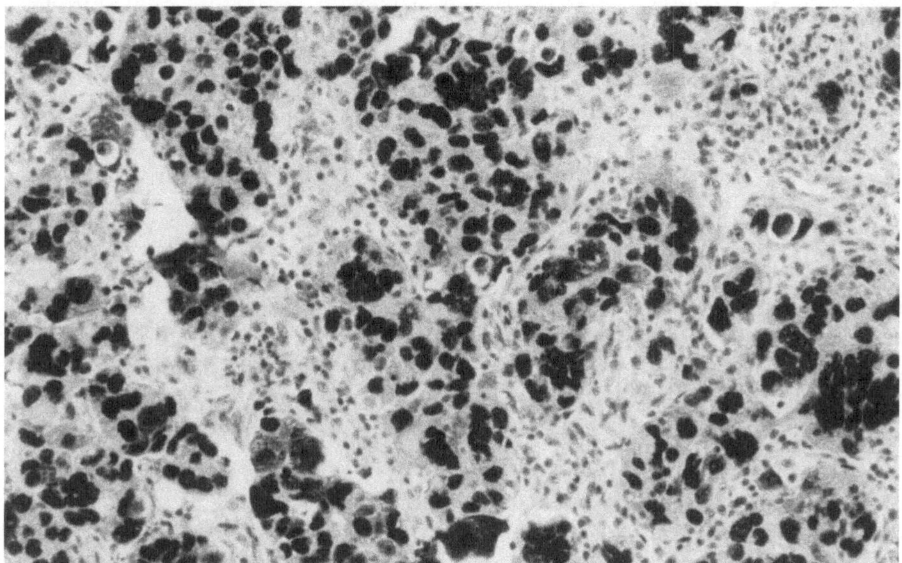

Fig. 7.4. Microfotografia della biopsia di un carcinoma invasivo della mammella colorata con un anticorpo contro la proteina p53. Le cellule tumorali con gene *p53* mutato mostrano un accumulo di proteina non funzionale, riconoscibile dalla colorazione nera al di sopra del nucleo. (Per gentile concessione di Angela Bartley, Wake Forest University School of Medicine)

mali verrebbe rapidamente degradata. Come è possibile vedere nella Figura 7.4, cellule tumorali prive della funzione p53 assumono, con l'anticorpo anti-p53, un colore intenso: si tratta di una biopsia da ghiandola mammaria che mostra il quadro di un carcinoma duttale invasivo in cui la funzione p53 risulta alterata. Come vedremo più avanti, non è irragionevole pensare che le cellule tumorali con una mutazione in *p53* possano essere aggredite approfittando proprio del difetto che ha provocato l'acquisizione del fenotipo tumorale.

BRCA1

BRCA1 è stato usato nel Capitolo 1, dove stavamo familiarizzando con la struttura dei geni, come esempio di gene altamente complesso (Figura 1.3). C'è ancora molto da imparare su questo gene, soprattutto per quanto riguarda la sua normale funzione. Analogamente a numerosi altri geni oncosoppressori, *BRCA1* è stato scoperto in quanto responsabile, nella forma mutata, di una predisposizione ereditaria al cancro. Nel caso di *BRCA1*, il rischio ereditario riguarda quasi esclusivamente la ghiandola mammaria e le ovaie. Una specifica mutazione, del185AG, una delezione delle basi AG nelle posizioni 185 e 186, è stata la prima a essere scoperta in questo gene. Questa mutazione viene riscontrata in circa lo

0.9% degli ebrei Ashkenaziti. La mutazione del185AG provoca un *frameshift* che, come abbiamo visto nel Capitolo 2 (Figura 2.3), arresta la traduzione dell'RNA messaggero in proteina. Esistono più di 200 differenti mutazioni in *BRCA1* che interferiscono con la normale funzione del gene e che determinano un elevato rischio di cancro mammario. Il test clinico per l'individuazione delle mutazioni di *BRCA1* si basa sul sequenziamento del gene che risulta fattibile grazie alla tecnologia dei chip a DNA (vedere il Capitolo 3).

L'uso clinico del test su *BRCA1* è oggetto di controversie e il suo costo è solo uno degli aspetti in questione. Soltanto il 5-15% di tutte le neoplasie mammarie è conseguenza di una predisposizione ereditaria, e inoltre *BRCA1* è solo uno dei vari geni (tra i quali *BRCA2*) di cui è nota l'associazione con il rischio ereditario. Quanti geni dovremmo testare? Inoltre, se una donna risulta negativa per *BRCA1*, essa è ancora soggetta a un rischio di cancro mammario pari al 10%, valore tipico per una vita di durata media. Non si dovrebbe quindi permettere che un test negativo determini l'allentamento della normale sorveglianza clinica che comprende l'autoesame e la mammografia. Una donna che risulta positiva al test per *BRCA1* ha un'altissima probabilità (dal 50% al 60%) di sviluppare il cancro alla mammella nell'età tra i quaranta e i cinquant'anni: qual è il *follow-up* medico più appropriato in questo caso? Quanto detto costituisce oggetto di una continua controversia, ma anche un esempio della complessità dei problemi correlati alle analisi genetiche. In questo ambito, la tecnologia non costituisce un problema: è possibile sequenziare il gene e localizzare qualsiasi mutazione. Quello che va fatto successivamente è molto più difficile da affrontare. Le possibili terapie spaziano dalla mastectomia semplice bilaterale preventiva e dall'ovariectomia alla stretta sorveglianza basata su precoci e frequenti mammografie.

Angiogenesi

In seguito alla costante crescita che lo contraddistingue, un clone cellulare neoplastico raggiunge alla fine dimensioni tali da non essere più in grado di acquisire le sostanze nutritive mediante la semplice diffusione. Il tumore ha pertanto bisogno di un apporto di sangue. Nel modello sperimentale costituito dalla coltura cellulare, nel quale un apporto di sangue non esiste, la massa di cellule tumorali cresce fino a un massimo di 0.5 millimetri, limitata dalla scarsa diffusione delle sostanze nutritive nella parte centrale. Durante la crescita della massa tumorale, la proliferazione di nuove cellule sulla superficie è compensata dalla morte, per mancanza di nutrimento, delle cellule poste nel centro. Se il cancro crescesse solo fino alle dimensioni di una capocchia di spillo, non rivestirebbe alcuna importanza dal punto di vista clinico.

Il processo che permette a un tumore in crescita di produrre nuove strutture vascolari in grado di garantire un adeguato apporto di sangue è denominato **angiogenesi**. Si potrebbe addirittura sostenere che il quadro clinico che noi chiamiamo cancro non prenda il via fino a quando non viene raggiunto questo stadio dello sviluppo tumorale. Si è generato un intenso dibattito teso a stabilire in quale misura il tumore sia responsabile dell'avvio del processo di crescita dei capillari. I naturali processi di riparazione dell'organismo promuovono la crescita di nuovi capillari in aree di danno tessutale o di infiammazione. Alcuni fattori secreti dai tumori agiscono come fattori di crescita sul normale tessuto circostante, inducendo sia la proliferazione dei fibroblasti che la crescita dei capillari. Se il tumore fosse dotato di uno specifico fattore di crescita angiogenico, l'inibizione di questo fattore potrebbe costituire una valida terapia anticancro. Numerosi tentativi di arrestare l'angiogenesi tumorale hanno portato solo a successi limitati, ma le aspettative sono ancora molto grandi.

Un concetto del tutto chiaro è che un tumore in crescita si trova nella necessità di superare le barriere tessutali. La Figura 7.5 mostra schematicamente un piccolo carcinoma a cellule squamose dell'epitelio bronchiale che sta appena incominciando a invadere i tessuti sottostanti. In questa figura si vede la masserella tumorale che ha cominciato ad acquisire una certa quantità di capillari in crescita: le cellule endoteliali proliferano in risposta a fattori di crescita locali, testimoniando la presenza di un intenso stimolo angiogenico. È ragionevole pensare che questo tumore di un centimetro di diametro crescerà con una velocità determinata soprattutto dall'apporto ematico anziché dal suo intrinseco indice mitotico. Le nuove terapie per il cancro al polmone includono farmaci, come la talidomide, che potrebbero inibire l'angiogenesi in maniera aspecifica.

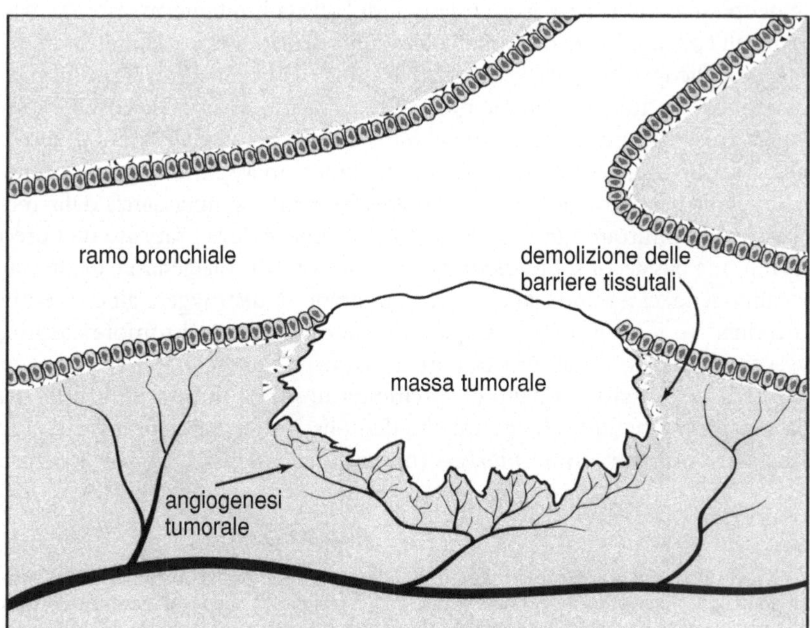

Fig. 7.5. Un tumore, nel suo sviluppo, supera le dimensioni microscopiche grazie ai processi di angiogenesi e di infiltrazione attraverso le barriere tessutali

Infiltrazione dei tessuti e metastasi

Oltre a sviluppare un sistema di apporto ematico, il tumore deve abbattere le barriere tessutali per poter infiltrare i tessuti circostanti. Per gli istopatologi che lo osservano al microscopio, il segno distintivo di un cancro è l'infiltrazione dei tessuti circostanti attraverso le barriere.[2] La maggior parte dei tumori attraversa un tipico stadio di **carcinoma** *in situ* che corrisponde alla neoplasia confinata nello strato epiteliale. Il carcinoma *in situ* può essere curato mediante asportazione chirurgica e l'obiettivo di un precoce rilevamento clinico del cancro è quello di cogliere il tumore a questo stadio. Sfortunatamente, le neoplasie vengono di solito rilevate solo quando si trovano in stadi più avanzati. Circa un terzo dei pazienti oncologici presenta la malattia a uno stadio avanzato e con metastasi a distanza; un altro terzo dei pazienti presenta un quadro invasivo locale ma nessun segno di metastasi. L'esperienza clinica ci induce a ritenere che per molte forme di cancro, come quello al polmone o al pancreas, esista un'elevata probabilità che micrometastasi non rilevabili siano già presenti quando il tumore è allo stadio di invasione locale. Rimane, quindi, solo un terzo di pazienti ai quali viene diagnosticata una forma realmente locale asportabile chirurgicamente.

I processi di infiltrazione tessutale e di metastasi sono pertanto molto importanti dal punto di vista della gestione clinica del cancro. Per molte neoplasie derivate dall'epitelio (come quelle del colon, della cervice uterina o della ghiandola mammaria) è possibile osservare pazienti ancora allo stadio di carcinoma *in situ*. A questo stadio il clone neoplastico non si è ancora esteso al di là della limitante membrana basale sottostante all'epitelio. La membrana basale è una struttura extracellulare composta da collagene e glicoproteine, tra le quali la laminina e la fibronectina; le cellule epiteliali posseggono recettori per queste molecole. La membrana basale costituisce una barriera e fornisce un punto di ancoraggio per le cellule epiteliali. Mentre le cellule normali non sono in grado di crescere e di funzionare in assenza di questo punto di attacco, le cellule neoplastiche perdono progressivamente la dipendenza dalla membrana basale. Per infiltrare i tessuti circostanti, il tumore deve praticare una breccia nella membrana basale, di solito mediante la secrezione di collagenasi e di altri enzimi (plasminogeno, catepsine e ialuronidasi) in grado di distruggere gli elementi del tessuto connettivo. L'infiltrazione di questo tessuto da parte del tumore costituisce un sovvertimento dei normali processi infiammatori e riparativi.

Nello stadio successivo a quello di carcinoma *in situ*, il tumore si infiltra attraverso la membrana basale. Gli enzimi che demoliscono le barriere tessutali locali possono essere utilizzati come *markers* tumorali. La catepsina D, per esempio, è

---

[2] Questo è il modo di vedere proprio della medicina cellulare, un'impostazione concettuale che ha regnato per diversi secoli, fin da quando ci si è resi conto che l'organismo è composto da cellule organizzate in tessuti e organi. Molte patologie, incluso il cancro, si sono rivelate come disfunzioni a livello cellulare. Adesso ci troviamo all'alba della medicina molecolare e alle prese con conoscenze più profonde secondo le quali la disfunzione cellulare è la conseguenza di errori a carico delle informazioni racchiuse nel DNA.

una proteinasi che viene utilizzata come marcatore correlato all'aumento dell'aggressività biologica nel cancro mammario. Altri *markers* tumorali, corrispondenti a molecole di superficie di cui sono dotate le cellule neoplastiche, sono correlati con la perdita della dipendenza dall'ancoraggio alla membrana basale. Come l'angiogenesi, l'infiltrazione del tumore attraverso le barriere tessutali è un possibile bersaglio verso cui indirizzare le nuove terapie anticancro. Alcuni dei noti effetti che sostanze come l'eparina o gli antinfiammatori hanno sulla massa tumorale possono tornare utili nei confronti del tumore a questo stadio di sviluppo.

Quando le cellule tumorali, infiltrando il tessuto connettivo, superano la membrana basale, acquisiscono l'ulteriore capacità di migrare fino ai vasi linfatici o venosi. Questo corrisponde all'inizio del processo metastatico, che consiste nella diffusione della neoplasia a tessuti e organi distanti. Per generare una metastasi, tuttavia, le cellule tumorali devono sopravvivere al sistema immunitario dell'ospite. Esse devono anche trovare un ambiente tessutale in grado di sostenere le loro esigenze nutritive. È possibile prevedere che alcuni tumori metastatizzeranno in direzione del letto capillare più immediatamente raggiungibile: il cancro mammario, per esempio, si dirige verso il polmone e il cancro polmonare verso il cervello. Altre cellule tumorali crescono meglio in ambienti più particolari: per esempio, il midollo osseo fornisce un buon microambiente per le metastasi. Specifici quadri di metastasi, come quello del cancro dello stomaco che si diffonde alle ovaie, devono necessariamente indicare qualche speciale supporto ormonale o biochimico alle cellule tumorali.

Cancro del colon: un modello di processo a più stadi

Il cancro del colon, come viene descritto nella Figura 7.6, è caratterizzato da una chiara evoluzione a più stadi, scandita da eventi sia morfologici che molecolari. Questa forma di cancro inizia come un polipo che aumenta progressivamente di volume e

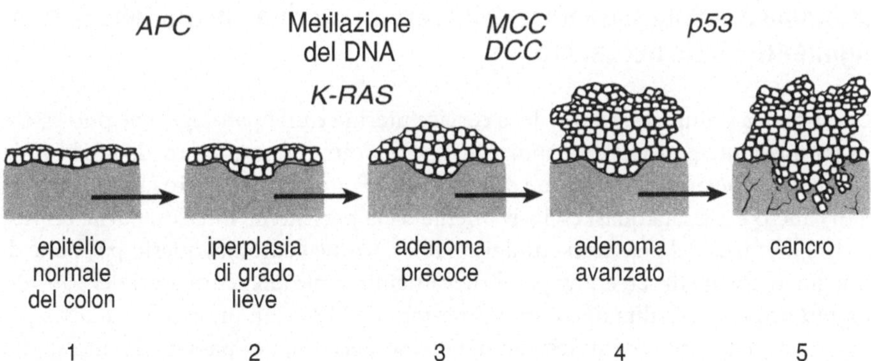

Fig. 7.6. L'evoluzione molecolare del cancro del colon consiste in una serie di mutazioni che si accumulano parallelamente ai cambiamenti macroscopici

diviene allo stesso tempo più displastico. Una stima molto grossolana indica in cinque anni il tempo necessario a un polipo per trasformarsi in carcinoma, dapprima *in situ* e successivamente invasivo. Le lesioni molecolari associate al cancro del colon appaiono anni prima dello stadio di cancro invasivo. A questo proposito, va sottolineato che le cellule dell'epitelio del colon sono immerse in un flusso praticamente ininterrotto di batteri e prodotti del catabolismo che sviluppano carcinògeni.

La Figura 7.6 riporta schematicamente l'evoluzione molecolare del cancro del colon a partire da una mutazione nel gene oncosoppressore *APC*. A questo stadio iniziale, potremmo non essere in grado di vedere alcuna modifica a carico dell'epitelio del colon. In seguito a ulteriori eventi, quali una modifica del profilo di metilazione del DNA e una mutazione puntiforme a carico di *K-RAS*, si giunge allo stadio, probabilmente rilevabile all'endoscopia, di adenoma iniziale. Lo stadio successivo è quello di un adenoma villoso di maggiori dimensioni. Parallelamente a questo sviluppo si verificano mutazioni nei geni *DCC* (*Deleted in Colon Cancer*, deleto nel cancro del colon) e *MCC* (*Missing in Colon Cancer*, mancante nel cancro del colon). In assenza di trattamento, è altamente probabile che l'adenoma villoso progredisca fino a diventare un cancro invasivo del colon, il quale presenta quasi sempre una delezione in *p53*. Il cancro è, a questo punto, in grado di infiltrare lo stroma circostante, presumibilmente in seguito alla perdita dei recettori della superficie cellulare che le normali cellule del colon utilizzano come ancoraggio ai tessuti. Private della funzione della proteina p53, le cellule tumorali subiscono rapidamente ulteriori mutazioni. A questo punto, il tumore, attraverso un uso improprio del normale processo di riparazione dei tessuti, promuove l'angiogenesi in modo da incrementare il suo apporto ematico.

Lo scenario molecolare che è stato appena descritto è il tipico percorso dello sviluppo a più stadi del cancro del colon, ma è importante sottolineare che le mutazioni indicate non sempre si verificano nello stesso ordine e che in alcuni casi lo stesso quadro patologico finale si realizza attraverso percorsi differenti, cioè attraverso altre combinazioni di molteplici eventi molecolari.

Carcinoma a cellule squamose della cervice uterina: un modello di coinvolgimento virale nel cancro

Il carcinoma a cellule squamose della cervice uterina è una patologia che può essere rilevata mediante pap-test e, se individuata precocemente, curata mediante biopsia circolare della *portio* (conizzazione della cervice). È attualmente noto che questa forma di cancro è causata quasi esclusivamente dalla persistente infezione della cervice da parte del virus del papilloma umano (HPV). Come vedremo, questo permette di immaginare forme di screening per il rilevamento virale anche migliori del pap-test e soprattutto la possibilità di curare le infezioni da HPV con un vaccino a DNA.

Il cancro della cervice impiega anni, persino decenni, per passare da uno stadio di pap-test leggermente anormale a quello di cancro invasivo. La Figura 7.7 mostra la successione cronologica della progressione da stadio di pap-test anormale a can-

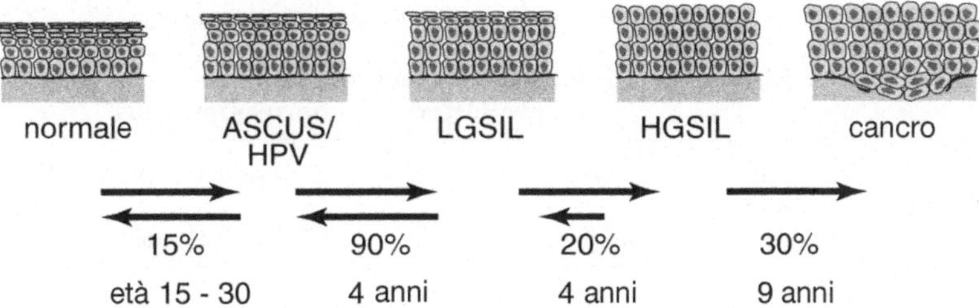

Fig. 7.7. Rappresentazione schematica dell'evoluzione della displasia della cervice uterina come può essere vista attraverso il pap-test. Per ogni fase sono indicati il tempo necessario per il passaggio da uno stadio all'altro e la probabilità che questo si verifichi

cro conclamato. Viene usata la seguente classificazione di Bethesda: ASCUS (*Atypical Squamous Cells of Uncertain Significance*, cellule squamose atipiche di significato incerto), LGSIL (*Low-Grade Squamous Intraepithelial Lesion*, lesione intraepiteliale squamosa di basso grado), HGSIL (*High-Grade SIL*, SIL di grado elevato) e CIS (Carcinoma *In Situ*). Il processo a più stadi dello sviluppo di questa forma di neoplasia inizia con un'infezione da HPV dell'epitelio squamoso della cervice, corrispondente a un pap-test di grado ASCUS. In questi primi stadi di evoluzione esiste un'elevata probabilità che la situazione di anormalità rilevata dal pap-test reverta a uno stato di normalità. In una bassa percentuale di casi, l'epitelio della cervice diventa gravemente displastico (CIS) e, se non trattato, progredisce fino allo stadio di carcinoma invasivo. Un numero di donne compreso tra il 15 e il 25% presenta, a un certo punto della vita, con il massimo di incidenza tra i quindici e i trent'anni di età, uno striscio vaginale positivo all'HPV. Gran parte delle infezioni si risolvono non appena l'organismo sviluppa una reazione immunitaria contro l'HPV e contemporaneamente scompaiono anche le relative anormalità riscontrabili nei pap-test: più a lungo persiste l'infezione da HPV, maggiore sarà la probabilità di una progressione verso il cancro.

HPV

Il virus del papilloma umano è dotato di un DNA circolare a doppio filamento, lungo 7.900 paia di basi, contenuto in un capside. Esistono almeno 70 ceppi di HPV con un potenziale patogenico altamente variabile (Tabella 7.4). L'HPV infetta le cellule epiteliali per contatto diretto e pertanto provoca prevalentemente una patologia a trasmissione sessuale, circoscritta al tratto urogenitale. L'infezione da HPV provoca, a volte, la formazione di verruche (condilomi), ma, più frequentemente, rimane asintomatica. In qualche caso le verruche urogenitali sono piatte e non facilmente riconoscibili, specialmente sul pene.

Due geni contenuti nel genoma dell'HPV, *E6* ed *E7*, rivestono un particolare interesse a causa del loro potenziale trasformante, od oncògeno, per le cellule

Tabella 7.4. Ceppi di HPV e rischio di carcinoma della cervice uterina

Ceppo di HPV	Rischio	Interazione delle proteine virali con i prodotti di geni oncosoppressori	
6, 11	Basso	E6 non lega p53	E7 lega debolmente RB1
31, 33, 35, 51, 52	Medio		
16, 18, 45, 56	Alto	E6 lega p53	E7 lega fortemente RB1

umane. Le proteine codificate da questi geni possono, infatti, inattivare i prodotti dei geni oncosoppressori *p53* e *RB1*. Quando la proteina p53 è inibita in seguito all'interferenza da parte della proteina E6, le cellule epiteliali squamose infettate possono entrare nella fase S del ciclo di divisione cellulare senza il preventivo controllo. Ciò aumenta notevolmente la possibilità che si verifichino errori nella sintesi del DNA con conseguenti mutazioni. Analogamente, la proteina E7 inibisce la proteina codificata dal gene oncosoppressore *RB1*. I ceppi di HPV con il maggiore potenziale oncògeno sono proprio i ceppi che interferiscono più efficacemente con le funzioni di p53 e di RB1.

Come mai l'HPV possiede geni che interferiscono con i prodotti dei nostri geni oncosoppressori? Il virus ha bisogno di ridurre all'impotenza questi geni per potersi riprodurre all'interno delle cellule epiteliali. Esso rappresenta, infatti, un DNA anormale che potrebbe indurre il sistema p53 ad arrestare la divisione cellulare. Ma il virus ha bisogno del ciclo di divisione cellulare per potersi propagare! Pertanto ha evoluto le proteine E6 ed E7 per soddisfare queste esigenze.

L'esposizione dell'epitelio squamoso all'HPV conduce all'infezione di alcune delle cellule basali, che può essere rilevata mediante ibridazione *in situ* con sonde molecolari per l'HPV, come mostrato nella Figura 7.8. Questa figura consiste in una microfotografia di una biopsia della cervice uterina classificata come displasia lieve e correlata a un pap-test classificato LGSIL. Se questa paziente sviluppasse l'immunità contro l'HPV prima che il danno al DNA avesse raggiunto un valore critico nelle cellule infettate, l'infezione virale si arresterebbe e la displasia scomparirebbe. D'altra parte, se un ceppo virale con un alto potenziale oncògeno dovesse persistere per un lasso di tempo maggiore, è altamente probabile che si sviluppi un cancro.

Anti-HPV: un possibile vaccino contro il cancro

L'immunità necessaria a ottenere la protezione contro alcuni virus non è facilmente raggiungibile: esistono innumerevoli fattori virali e umani che sono, al momento, semplicemente incomprensibili. Gran parte dei vaccini tradizionali derivano da frammenti dell'involucro virale e provocano l'immunità umorale mediata dalle cellule B. È attualmente allo studio una nuova classe di vaccini concepiti per aggredire all'interno della cellula virus caratterizzati da una lunga fase di latenza. Questi vaccini sono basati sul DNA e hanno la capacità di provocare

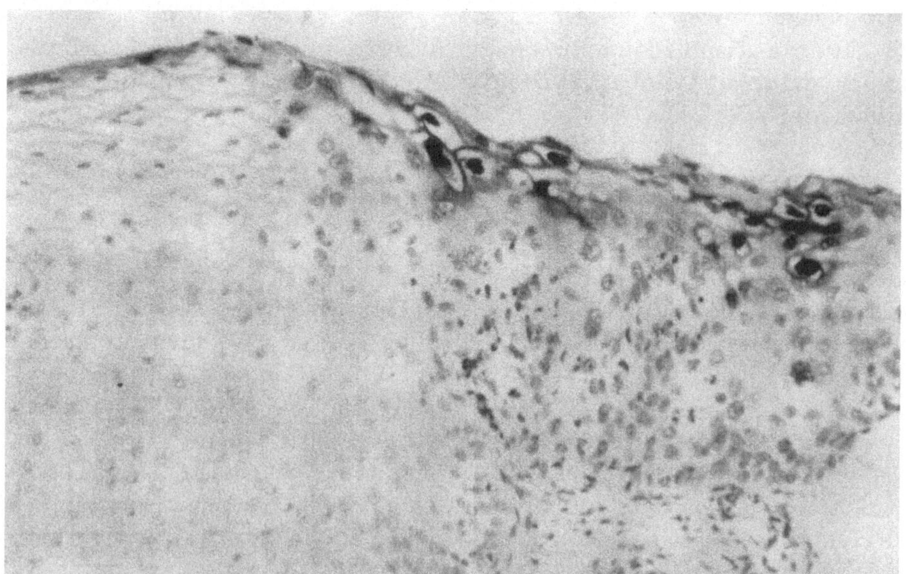

Fig. 7.8. Microfotografia di una biopsia della cervice uterina sottoposta a ibridazione *in situ*; la sonda molecolare per il ceppo 18 dell'HPV rivela il virus intracellulare. I nuclei di colorazione scura nelle cellule vacuolate dell'epitelio superficiale contengono il virus

l'immunità cellulare. I vaccini a DNA richiedono un vettore per condurre il DNA all'interno della cellula: si possono usare vettori virali o altri sistemi in grado di trasportare un frammento di DNA attraverso la membrana cellulare. Una volta che il frammento di DNA ingegnerizzato inserito nel vaccino è entrato nella cellula, vengono espresse le proteine virali da esso codificate e tali proteine stimolano l'immunità cellulare mediata dai linfociti T.

L'HPV (come l'HIV) è un virus che può essere sopraffatto dall'immunità cellulare. Comunemente si pensa che i vaccini siano utili solo a prevenire le malattie, ma, in realtà, poiché quella da HPV è un infezione cronica, è possibile intervenire utilmente con il vaccino a DNA anche dopo il rilevamento dell'infezione. Numerosi vaccini anti-HPV sono, attualmente, in vari stadi di sviluppo e di sperimentazione clinica. Le domande alle quali i trial clinici devono dare una risposta sono: *È in grado il vaccino di invertire il corso dell'infezione? E di prevenire o invertire lo sviluppo della displasia e quindi prevenire il cancro?*

Linfomi e leucemie

Nel Capitolo 6 è stato descritto l'ingegnoso e piuttosto complicato sistema con il quale i linfociti generano una gamma quasi infinita di differenti anticorpi. Il riarrangiamento genico attraverso *splicing* multipli dei membri della famiglia dei geni delle immunoglobuline funziona, ma non senza errori. Il linfoma si sviluppa quando l'errore coinvolge un oncogène! In effetti, per quanto ne sappiamo, tutte le leucemie e i linfomi sono dovuti a errori nei processi di taglio e saldatura dei cromosomi che comportano l'inserzione di un oncogène. Analizziamo tre specifici esempi.

Leucemia mieloide cronica

La leucemia mieloide cronica (CML) è stata la prima neoplasia a essere associata a uno specifico marcatore clonale. Già negli anni '60, infatti, è stata osservata l'associazione tra questa forma di leucemia e il cromosoma Filadelfia t(9;22). Agli albori dell'era molecolare negli anni '80, alcuni ricercatori a Rotterdam si sono domandati: *Quando una rottura cromosomica si traduce in un tumore, i punti di rottura si collocano sempre nella stessa posizione della molecola del DNA o in posizioni differenti da caso a caso?* Per dare una risposta a tale domanda, questi ricercatori si sono concentrati sullo studio della CML e hanno dimostrato che il punto di rottura sul cromosoma 22 si collocava sempre all'interno di un'area piuttosto ristretta, alla quale hanno dato quindi il nome di "regione di raggruppamento dei punti di rottura" (*break-point cluster region*, bcr). È poi risultato che questa regione si trova all'interno di un gene che è stato, pertanto, chiamato *BCR*. La biologia molecolare della CML ci spiega come un oncogène traslocato possa provocare un tumore. Per comprendere il meccanismo, iniziamo con un'analogia che credo possa risultare utile.

La "mutazione della segreteria"

Immaginiamo la biblioteca di una facoltà di medicina (come è stato fatto nel Capitolo 1, quando abbiamo usato la metafora della biblioteca per parlare dell'informazione contenuta nel genoma umano). Vi si trovano molti libri, solo alcuni dei quali riguardano la struttura organizzativa della facoltà. In uno di questi, *Istruzioni per l'iscrizione, la registrazione al corso e il conseguimento della laurea*, esiste una mutazione: verso la fine del libro, il testo è stato erroneamente modificato dalla traslocazione di un paragrafo proveniente da una parte posta vicino all'inizio. Nella corretta versione originale, al laureando di medicina viene data l'istruzione di fornire il suo elaborato alla segreteria per poter ottenere il diploma. Nella versione mutata, immediatamente di seguito a "fornisci il tuo elaborato alla segreteria" sono state inserite le parole "per ricevere il tuo diario dei corsi del primo anno". L'istruzione corretta "per ricevere il diploma" è andata persa in seguito alla sostituzione con un'istruzione riservata alle matricole. Qual è il risultato della "mutazione della segreteria"? Lo studente, a fine corso, invece di andar via e di avviare la sua professione di medico, ritorna all'attività di studio propria della matricola: nel giro di pochi anni, le aule all'interno della facoltà di medicina saranno sovraffollate, mentre all'esterno si registrerà una penuria di medici. Paragoniamo questa situazione alle caratteristiche molecolari e cliniche della CML.

BCR/ABL

La conseguenza della traslocazione t(9;22) è, come mostrato nella Figura 7.9, la fusione dell'oncogène *ABL*, proveniente dal cromosoma 9, con il gene *BCR*, collocato sul cromosoma 22. L'espressione del gene ibrido così formato porta alla sintesi della proteina di fusione BCR/ABL. La proteina codificata dall'oncogène *ABL* è una tirosina chinasi che si colloca appena sotto la membrana cellulare come parte integrante del recettore di un fattore di crescita. La proteina codificata dal gene ibrido *BCR/ABL* è una forma iperattiva della tirosina chinasi che rende il recettore eccessivamente sensibile. La CML è la conseguenza della formazione di questo oncogène mutato e del conseguente anormale funzionamento della via di trasduzione del segnale. Nel Capitolo 8 verrà descritta una molecola ingegnerizzata, il farmaco STI571 (Gleevec Novartis, Basilea, Svizzera) che blocca selettivamente l'anormale funzione enzimatica di BCR/ABL. Questo farmaco è stato reso disponibile per il trattamento della CML nell'estate del 2001.

La perdita della capacità, da parte del recettore, di rispondere in maniera normale al fattore di crescita conduce a qualcosa di simile alla "mutazione della segreteria". Le cellule del midollo osseo arrestano il loro percorso di maturazione verso i granulociti funzionalmente normali e il midollo si riempie, quindi, di cellule mieloidi incapaci di differenziare completamente. Tutte le forme di leucemia sembrano seguire questa dinamica: arresto della maturazione con espansione clonale e congestione del midollo osseo, accompagnati dalla simultanea perdita della capacità di generare cellule normali funzionalmente mature. La traslocazione cromosomica e i geni coinvolti sono differenti per le altre forme di leucemia, ma lo schema di fondo rimane lo stesso.

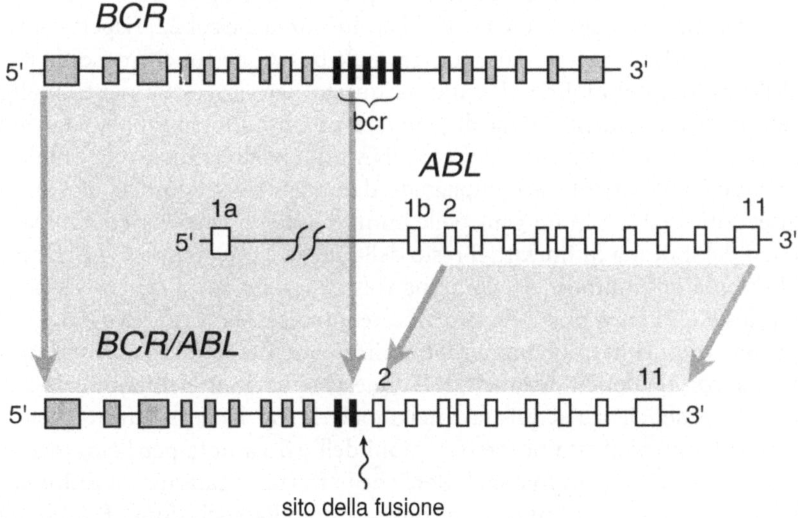

Fig. 7.9. Fusione genica *BCR/ABL*

Linfoma follicolare

Il linfoma follicolare offre un altro esempio di oncogène traslocato, che conduce questa volta a una neoplasia di grado lieve e che non provoca dolore. La traslocazione t(14;18), frequentemente osservata in questa forma di linfoma, porta alla fusione del gene *BCL*-2, proveniente dal cromosoma 18, con parte del gene della catena pesante delle immunoglobuline, *IGH*, posto sul cromosoma 14. Il punto di rottura sul cromosoma 14 è diverso da paziente a paziente, con la conseguenza che da questo gene ibrido scaturiscono numerosi mRNA differenti e questo potrebbe in parte spiegare l'eterogeneità biologica osservata nei linfomi.

Ogni qualvolta un linfocita portatore della fusione *IGH/BCL*-2 tenta di produrre un'immunoglobulina, di fatto genera la proteina bcl-2. La proteina bcl-2 inibisce l'apoptosi e, di conseguenza, il linfocita si sottrae alla morte cellulare programmata. Queste cellule tumorali mostrano un limitato tasso di proliferazione, ma rimangono in loco praticamente per sempre e, quindi, come è possibile osservare in clinica, inducono una lenta ma inesorabile espansione del tumore.

Linfoma di Burkitt

Il linfoma di Burkitt è una neoplasia altamente maligna che scaturisce dalla fusione dell'oncogène *C-MYC* con il gene della catena pesante delle immunoglobuline, *IGH*, in seguito alla traslocazione cromosomica t(8;14). Il processo è simile a quello che si verifica nel linfoma follicolare, a parte il fatto che *MYC* è un oncogène molto più aggressivo di *BCL*-2. La proteina codificata da *BCL*-2 inibisce il processo apoptotico e, di conseguenza, la morte cellulare, mentre la proteina codificata da *MYC* è un fattore trascrizionale che promuove la divisione cellulare. Il linfoma di Burkitt può originare anche dall'inserzione di *MYC* nei geni delle catene leggere, κ o λ, delle immunoglobuline posti sul cromosoma 2 e sul 22, rispettivamente. Ogni qualvolta *MYC* trasloca dalla sua normale posizione sul cromosoma 8 a un gene delle immunoglobuline si sviluppa questa neoplasia altamente maligna. Quando, infatti, il linfocita tenta di generare un'immunoglobulina, esso invece produce la proteina c-myc che si lega al DNA inducendo la divisione cellulare. Il tumore cresce rapidamente, accompagnato da una potente stimolazione autocrina. L'inserzione di *MYC* in un gene delle immunoglobuline spiega solo in parte la patogenesi del linfoma di Burkitt: il resto della storia è più complesso e chiama in causa il sistema immunitario. Ancora una volta si vede come il cancro sia un processo a più stadi in cui è possibile riconoscere numerosi fattori eziologici.

Il linfoma di Burkitt si sviluppa molto più frequentemente in pazienti immunosoppressi con un deficit delle cellule T. Questa situazione è chiaramente visibile nell'immunodeficienza acquisita e nella malaria. Sir Dennis Burkitt osservò il linfoma che ha preso il suo nome in regioni dell'Africa note per l'alta incidenza della malaria. Avrebbe potuto concludere che le zanzare "causano" il linfoma ma, da buon epidemiologo, si limitò a sottolineare solo l'associazione. È noto che le zanzare trasmettono il microrganismo che causa la malaria e che questa, a sua volta, sopprime la funzione immunitaria dei linfociti T *helper*, i quali contribuiscono a tenere sotto controllo la proliferazione dei linfociti B. Quando la funzione dei linfociti T viene soppressa, l'incidenza del linfoma di Burkitt (e di altre neoplasie maligne) subisce un ripido innalzamento.

Il ruolo che il sistema immunitario svolge nel controllo dei cloni di cellule B non è stato compreso fino all'epoca dell'AIDS. L'infezione da HIV, come la malaria, sopprime la funzione dei linfociti T *helper*. Quando questo fenomeno fu scoperto, i medici esperti in malaria predissero correttamente che tra i pazienti affetti da AIDS si sarebbe osservata anche un'alta incidenza del linfoma di Burkitt.

Alla patogenesi del linfoma di Burkitt partecipa un altro importante fattore eziologico: l'infezione da virus di Epstein-Barr (EBV). In Africa, praticamente tutti i bambini contraggono l'infezione da EBV nel loro primo anno di vita. Questo virus provoca un'espansione policlonale dei linfociti B, che viene però soppressa dai linfociti T non appena si sviluppa l'immunità. Quando, in seguito a malaria o a infezione da HIV, l'immunità viene soppressa, i linfociti B infettati dall'EBV tornano a proliferare. Questa proliferazione dei linfociti infettati, che si instaura in fase avanzata, è associata a frequenti errori nel riarrangiamento genico e, quindi, a un aumento della probabilità che si verifichi una traslocazione in cui sia coinvolto il gene *C-MYC*.

Quale tra tutti questi fattori può essere considerato la "causa" del linfoma di Burkitt? La Figura 7.10 sintetizza le varie fasi che conducono a questa neoplasia. Il primo fattore causale è l'infezione da EBV, che si verifica durante l'infanzia. Il secondo fattore causale è la zanzara portatrice di malaria che provoca un'infezione in cui la funzione dei linfociti T viene soppressa. Tutto questo è seguito da una

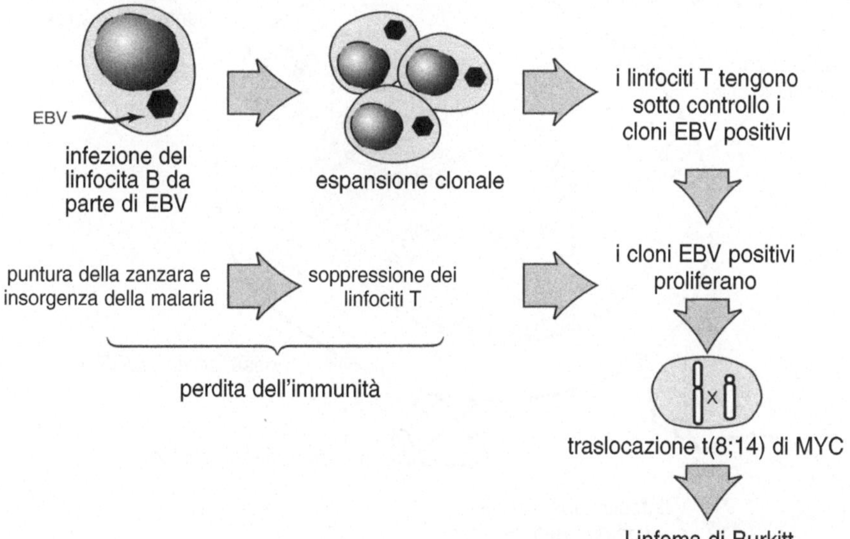

Fig. 7.10. L'evoluzione multifasica del linfoma di Burkitt coinvolge l'infezione da virus di Epstein-Barr (EBV), la soppressione dell'immunità mediata dalle cellule T e la traslocazione di *MYC*

traslocazione cromosomica che attiva l'oncogène *MYC*. In conclusione, quando un paziènte chiede "cosa ha provocato il mio linfoma" cosa si può rispondere?

Terapia molecolare del cancro

Il cancro si origina da una serie di mutazioni negli oncogèni e nei geni onco-soppressori, le quali provocano la deregolazione della proliferazione cellulare. Queste conoscenze forniscono una base razionale per lo sviluppo di strategie di terapia anticancro completamente nuove. L'approccio più diretto, ma anche più difficile, è quello consistente nella "riparazione" delle mutazioni nel DNA attraverso l'ingegneria genetica. Nel caso in cui questo non fosse possibile, si può tentare di bloccare la funzione genica anormale interferendo con la trascrizione o con la traduzione. In alternativa, si può intervenire a un livello successivo avvalendosi di anticorpi contro oncoproteine anormali. La Figura 7.11 riassume questi possibili approcci. Analizziamo alcuni specifici esempi.

Oligonucleotidi antisenso contro *C-MYC*

Gli oligonucleotidi antisenso (vedere Capitolo 3) costituiscono una nuova classe di farmaci in grado di bloccare l'espressione di specifici geni. Consideriamo un

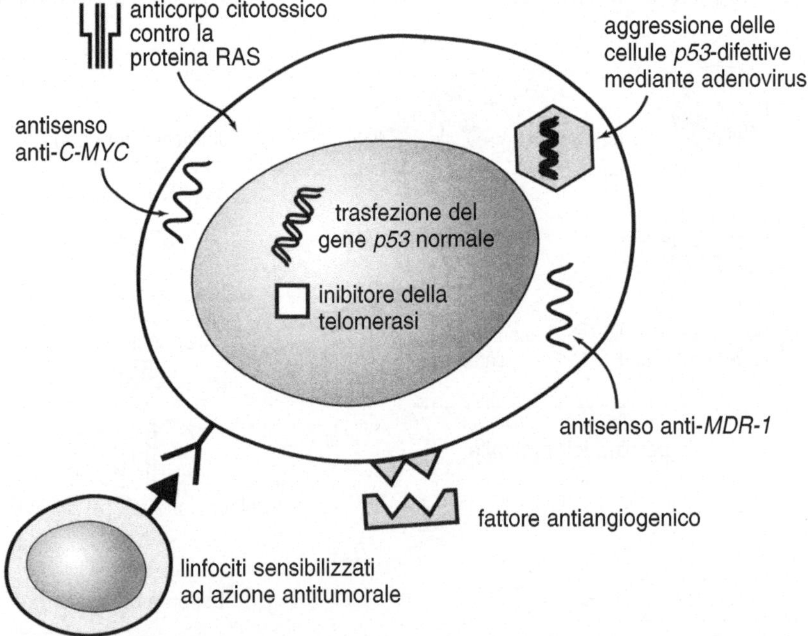

Fig. 7.11. Esistono numerosi nuovi bersagli molecolari per la terapia anticancro utilizzabili per correggere, bloccare o distruggere funzioni anormali

caso di linfoma di Burkitt come quello appena descritto, caratterizzato dall'attivazione del gene *C-MYC* in seguito a traslocazione cromosomica e fusione con il gene della catena pesante delle immunoglobuline. È possibile sintetizzare un piccolo frammento di DNA complementare alla sequenza della regione di fusione comprendente la regione 5' di *C-MYC*. Il frammento sintetizzato sarà complementare a una porzione della sequenza dell'mRNA di *C-MYC* (parte della sequenza di *C-MYC* è mostrata nella Figura 1.5). Questo frammento viene detto DNA "antisenso" in quanto si lega alla sequenza dell'mRNA "senso". Il legame all'mRNA impedisce l'espressione del gene ibrido e abolisce, quindi, la stimolazione della proliferazione delle cellule tumorali. È possibile impostare la terapia con una somministrazione ripetuta del farmaco o, almeno in teoria, si potrebbe creare un blocco permanente mediante la trasfezione delle cellule con sequenze antisenso. L'antisenso costituisce una terapia molto specifica basata sull'esatta conoscenza di quali geni siano "in avaria" nel cancro. Attualmente le maggiori difficoltà si incontrano nel portare la molecola antisenso all'interno della cellula e nell'evitare che venga troppo rapidamente degradata.

Soppressione delle cellule tumorali *p53*-difettive mediante adenovirus

Il 50% dei tumori presenta una mutazione nel gene oncosoppressore *p53*. È possibile ribaltare la situazione e trarre vantaggio da questo difetto nella riparazione del DNA che permette al cancro di progredire, rendendolo un bersaglio per la terapia? Gli adenovirus, agenti infettivi che causano numerose lievi infezioni delle vie aeree (raffreddori), posseggono un dispositivo genetico che consente loro di sovvertire la funzione della proteina p53 nelle cellule umane. L'adenovirus possiede, infatti, un gene che abolisce la funzione di p53 e, di conseguenza, facilita la replicazione virale nelle cellule umane. Mediante manipolazione genetica è stato ottenuto un adenovirus privo di questo gene che può essere utilizzato come agente anticancro: questo ceppo può propagarsi solo in cellule prive di p53! Pertanto, mentre le cellule normali vengono risparmiate, le cellule neoplastiche, costituendo il bersaglio di questo ceppo di adenovirus, soccombono in seguito alla lisi cellulare provocata dalla replicazione virale. In breve tempo, tuttavia, l'organismo sviluppa un'immunità contro l'adenovirus e sopprime l'infezione. Questo adenovirus geneticamente modificato è attualmente utilizzato in trial clinici per il trattamento di varie neoplasie, tra le quali quelle del pancreas e del cavo orale. L'idea di usare uno "strumento" biologico per ottenere una soppressione selettiva, basata sul genoma danneggiato presente nelle cellule tumorali, è un'efficacissimo esempio di terapia di tipo molecolare.

Anticorpi e terapie dei tumori

Varie proteine coinvolte nel processo di trasformazione neoplastica, tra le quali quelle codificate da *RAS*, *HER2/neu* e *p53*, sono state prese in considerazione come possibili bersagli per terapie basate sull'uso di anticorpi specifici. Un anticorpo commerciale contro HER2/neu viene utilizzato come trattamento del cancro mammario metastatico nei casi in cui questo gene è superespresso, mentre anticorpi specifici per RAS e p53 sono attualmente sottoposti a sperimentazione clinica. Un'estensione di questo approccio terapeutico è lo sviluppo di vaccini antitumorali più specifici, sia del tipo umorale che cellulare, a partire dal tumore del singolo paziente. L'immunità cellulare garantita dai linfociti T *killer* è una delle aree più promettenti: i linfociti vengono "addestrati" all'esterno dell'organismo come "cecchini" del tumore, e successivamente reintrodotti insieme alle citochine che ne promuovono la funzione. Ora che siamo in grado di sintetizzare citochine e altri immunomodulatori, si possono intravedere innumerevoli nuovi approcci nell'ambito della terapia basata sulla manipolazione del sistema immunitario.

Riepilogo

Abbiamo avuto modo di comprendere come il cancro sia essenzialmente una malattia molecolare causata da "errori" acquisiti nel DNA. Le mutazioni negli oncogèni e nei geni oncosoppressori si accumulano passo dopo passo, causando la deregolazione della proliferazione cellulare. Di solito il processo richiede anni per svilupparsi, come è stato visto negli esempi del cancro del colon e della cervice uterina. Le nuove terapie dirette contro il cancro formano una vasta gamma di scelte diverse. Per esempio, è possibile arrestare l'infezione della cervice uterina da parte dell'HPV mediante un vaccino a DNA o, grazie a farmaci allestiti "su misura", bloccare i geni ibridi creati dalle traslocazioni cromosomiche nelle leucemie e nei linfomi. Infine, è possibile sperare di manipolare il sistema immunitario in modo da indurlo a riconoscere le cellule tumorali come estranee. Alle nuove conoscenze molecolari relative al cancro seguiranno importanti progressi nella sua individuazione precoce e nel suo trattamento.

Bibliografia

Bartley AN, Ross DW (2002) Validation of p53 immunohistochemistry as a prognostic factor in breast cancer in clinical practice. *Arch Pathol Lab Med* 126(4):456-458

Bishop JM, Weinberg RA (eds) (1996) *Molecular Oncology.* New York, Scientific American (NdT: è possibile consultare l'analoga opera monografica "Dossier cancro" pubblicata nel 1996 dalla casa editrice Le Scienze)

Cancer Genome Anatomy Project (CGAP). *http://www.ncbi.nlm.nih.gov/nci-cgap*

Erlich M (2000) *DNA Alterations in Cancer.* Natik, Eaton

Lowry DR, Wolff L (2001) Molecular aspects of oncogenesis. In: Stamatoyannopoulos G, Majerus PW, Perlmutter RM, Varmus H (eds) *The Molecular Basis of Blood Diseases.* 3rd ed. Philadelphia, WB Saunders pp 791-831

Pulverer B (ed) (2001) Insight cancer. *Nature* 411:355-395

Ries LAG *et al* (1996) *SEER Cancer Statistics Review, 1973-1993: Tables and Graphs.* Bethesda, National Cancer Institute

Ross DW (1998) *Introduction to Oncogenes and Molecular Cancer Medicine.* New York, Springer-Verlag

CAPITOLO 8

Terapie molecolari

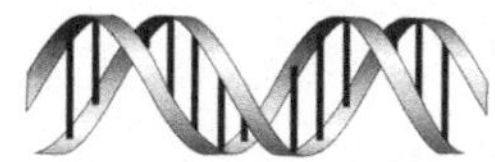

Introduzione

La terapia molecolare è stata tenuta in primo piano nel corso di tutto questo libro. In questo capitolo verrà spiegato come le tecnologie molecolari stiano rivoluzionando le strategie utilizzate per lo sviluppo dei farmaci. Molte industrie hanno indirizzato il loro futuro alla produzione di farmaci basati sulla conoscenza del genoma umano. La farmacogenetica, che è uno degli aspetti di questa rivoluzione, si pone l'obiettivo di comprendere come le differenze genetiche influenzino la risposta a un farmaco da parte di un paziente. Più che una semplice idiosincrasia, dovremmo considerare come un potenziale vantaggio la peculiare risposta a un farmaco da parte di un individuo: la mappa dei polimorfismi di un singolo nucleotide (SNP) di un paziente inciderà sulla scelta del farmaco da prescrivere per la malattia da cui è affetto.

Nell'ambito di questo argomento, prenderemo in considerazione il sistema dei citocromi delle cellule epatiche, dato che questa famiglia di enzimi costituisce il più importante modificatore dell'azione dei farmaci che sia stato finora scoperto. Il capitolo si concluderà con ulteriori esempi di nuove terapie molecolari. Anche se la medicina molecolare è troppo giovane per poterne prevedere i futuri sviluppi, possiamo già intravedere alcune delle sue potenzialità. Come esempi di scelte che potrebbero essere disponibili nel prossimo futuro, verranno descritte alcune terapie in fase di sviluppo: trasferimento genico, farmaci su misura generati dal *computer modeling*, farmaci prodotti nelle piante, biomateriali e trapianto di tessuti originati da cellule staminali embrionali. In sostanza, lo scopo di questo capitolo è quello di fornire un'idea delle possibilità che verranno offerte dalla terapia molecolare.

Farmacogenetica

La **farmacogenetica** è lo studio del ruolo delle differenze genetiche nella variabilità della risposta ai farmaci da parte dei pazienti. La speranza è che l'unicità genetica degli individui possa essere utilizzata per predire come questi risponderanno a determinati farmaci. Un database dei polimorfismi genetici correlati al risultato clinico può costituire uno strumento per raggiungere gli obiettivi che la farmacogenetica si pone. Partiamo da uno sguardo alle componenti del problema.

SNP

I polimorfismi di un singolo nucleotide (SNP, pronunciato *snip*) sono differenze di una singola base nel DNA degli individui. La variazione di una singola base si definisce polimorfismo se ha una frequenza pari o superiore all'1%; se la frequenza è inferiore all'1%, o se è noto che l'alterazione costituisce la causa di una malattia, allora questa variazione si definisce mutazione anziché SNP. Per esempio, la sostituzione di una singola base che porta alla produzione dell'emoglobina S ha una frequenza maggiore dell'1%, ma provoca una malattia e pertanto è considerata una mutazione. Come abbiamo visto nel Capitolo 1, nell'ambito del Progetto Genoma Umano sono stati mappati circa 2.5 milioni di SNP, ovvero circa 1 SNP ogni 1.000 paia di basi.

Gli SNP si sono rivelati molto utili nel campo della farmacogenetica. Mediante un chip a DNA, o altre tecnologie di sequenziamento veloce, si possono facilmente genotipizzare gli SNP di una particolare regione cromosomica: in pratica, viene effettuato lo "*SNP-shot*", ovvero la "fotografia" della costituzione genetica dell'individuo.[1] La Figura 8.1 mostra in che modo va usato uno *SNP-shot* per verificare quali pazienti verosimilmente risponderanno a una determinata terapia farmacologica per una specifica malattia o sindrome. Incrociando gli *SNP-shot* di un gruppo di pazienti con i risultati clinici ottenuti, sarà possibile evidenziare un'eventuale correlazione tra uno specifico genotipo SNP e una buona risposta alla terapia, come pure tra un particolare *SNP-shot* e una avversa reazione a un farmaco. Una volta stabilita una correlazone tra genotipo SNP e risposta al farmaco, è possibile usare il genotipo SNP di un paziente come un'indicazione preventiva prima di prescrivere un farmaco.

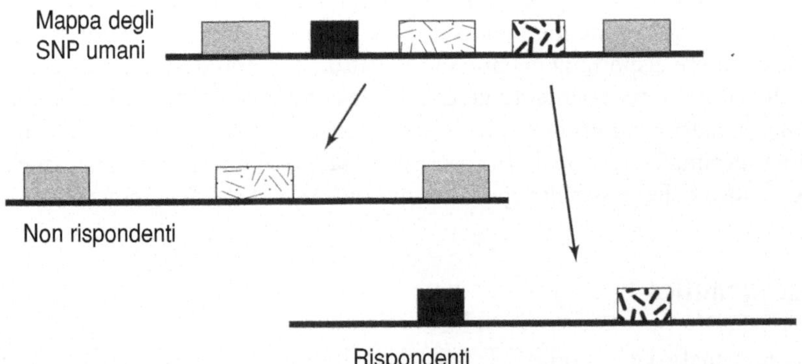

Fig. 8.1. La genotipizzazione degli SNP permette di prevedere quali pazienti risponderanno al trattamento farmacologico. (Vedere anche Roses, 2000)

---

[1] NdT. *SNP-shot* è un gioco di parole derivante da *snapshot* che corrisponde al termine italiano "istantanea".

Il genotipo SNP, pur costituendo una novità, non è molto lontano da ciò che molti medici già fanno. I medici, infatti, sfruttano l'esperienza costituita dai risultati ottenuti su precedenti pazienti per stabilire se l'attuale paziente potrà verosimilmente trarre beneficio da uno specifico trattamento. A volte, l'esperienza pregressa è di tipo genetico: se, per esempio, si ritiene che gli esponenti dell'etnia pellerossa siano, con tutta probabilità, allergici alla penicillina, allora è necessario usare questo elemento per modificare la prescrizione. Il genotipo SNP estende enormemente e rinforza la precisione con cui viene inquadrata la costituzione genetica di un individuo. Molti ricercatori che lavorano nel campo della farmacogenetica sono fermamente convinti che quando la tecnologia incentrata sugli SNP sarà largamente diffusa, aumenterà enormemente l'efficacia di determinati farmaci e diminuirà concretamente l'incidenza delle reazioni avverse ai farmaci stessi.

Il sistema del citocromo P-450

La famiglia del citocromo P-450 (CYP) è costituita da enzimi contenenti eme che catalizzano l'ossidazione di molte sostanze chimiche lipofiliche e sono responsabili del metabolismo di un elevato numero (fino al 50%) di farmaci. CYP3A4, che costituisce il principale CYP microsomiale nel fegato, agisce come modulatore della maggior parte degli ormoni steroidei endogeni e, inoltre, catabolizza circa la metà di tutti i farmaci, rendendoli idrosolubili e quindi adatti per l'escrezione renale. Il livello di attività dei CYP è modulato dalla quantità di substrato presente e anche da molti altri fattori quali l'attività fisica, lo stress e l'infiammazione. Prima che venisse sviluppata la genomica, il saggio dell'attività dei CYP, mediante l'uso di una sostanza test come la caffeina, veniva a volte utilizzato per valutare la risposta a un farmaco.

Tutti i geni che codificano per gli enzimi CYP sono altamente polimorfici (in quanto contengono numerosi SNP), cioé esistono in molte forme alleliche, e pertanto non sorprende che CYP3A4 costituisca il bersaglio preferito per la farmacogenetica. Questo enzima costituisce un punto centrale nel metabolismo dei farmaci: per esempio, l'azione di gran parte delle statine cardiache (lovastatina, simvastatina, atorvastatina) passa attraverso l'attività CYP e quindi altri modulatori di CYP possono creare interazioni farmaco-farmaco con le statine. In passato tali interazioni farmaco-farmaco venivano classificate come "idiosincrasiche", il che equivale a dire imprevedibili. Attualmente si ritiene, invece, che stabilendo il genotipo CYP di un individuo (ovvero il suo profilo SNP) queste interazioni tra farmaci possano non essere più imprevedibili: in effetti, sarà possibile progettare una terapia su misura, la risposta alla quale sarà molto più prevedibile. Si può immaginare un paziente dotato di una copia del suo genotipo CYP inserita nella cartella clinica o addirittura registrata su una tessera magnetica sanitaria. Un database dei genotipi permetterà di individuare il corretto farmaco, il dosaggio e le interazioni con gli altri farmaci nel momento stesso della prescrizione.

Lo sviluppo dei farmaci

La scoperta di nuovi farmaci è stata, fino a tempi molto recenti, una lenta, anche tediosa, ricerca consistente nella catalogazione di sostanze naturali con potenziali effetti benefici. La scoperta dei farmaci ebbe inizio con le tradizioni popolari: la corteccia del salice riduce la febbre (l'aspirina, attraverso la via delle prostaglandine, blocca i mediatori dell'infiammazione), un infuso ottenuto dalla digitale cura l'idropisia (la digitale migliora la gittata cardiaca minimizzando l'ascite addominale). Anche il caso fortuito ha portato a nuovi farmaci, come è avvenuto, per esempio, per la penicillina scoperta da Fleming grazie all'osservazione che la crescita di una muffa inibiva quella dei batteri coltivati nelle sue piastre Petri. I moderni sistemi di sviluppo dei farmaci sono rivolti alla produzione di molecole sintetiche progettate per combaciare con bersagli simulati al computer.

Metodi di screening ad alta resa

Il genoma umano è stato definito una "miniera" di prodotti ad alto valore in attesa di essere "estratti" e questo è stato uno degli argomenti che ha innescato la controversia su chi abbia diritto a rivendicare la "proprietà" del genoma. A prescindere da quali possano essere le conclusioni di tale controversia, questa "attività mineraria" sul genoma è stata avviata con grande decisione. *Bioinformatica, protein modeling* e *screening ad alta resa dei farmaci* sono le parole che più ricorrono in relazione a quei programmi di computer sviluppati per elaborare i tre miliardi di bp che costituiscono il database del genoma umano alla ricerca di un potenziale prodotto. Si parte dalla conoscenza della struttura proteica di importanti bersagli farmacologici come, per esempio, recettori di superficie ed enzimi. Dalla struttura primaria della proteina si risale alla sequenza nucleotidica che la codifica e, successivamente, si cercano, all'interno del genoma, tutte le eventuali sequenze a essa simili. Le sequenze così trovate vengono, poi, esaminate più in dettaglio. Dall'intero *Open Reading Frame* che include la sequenza individuata si ricava il modello di una possibile proteina e si cerca di prevederne la struttura. Sulla base della struttura proteica ricavata, si cerca infine di prevedere quali farmaci, esistenti o ipotetici, potrebbero interagire con la proteina virtuale dedotta.

La Figura 8.2 descrive questa procedura nella forma schematica del diagramma di flusso. Nel recente passato, una così approfondita comprensione anche di una sola interazione proteina-farmaco sarebbe stata sufficiente per un progetto per un dottorato di ricerca. La battuta ricorrente era "una molecola, un dottorando", citazione ironica dell'originale "sentenza" formulata dai genetisti negli anni '40: "un gene, un enzima". Attualmente, la procedura che conduce alla scoperta di un farmaco potrebbe concludersi anche in pochi minuti di lavoro di un computer. In mano a ricercatori competenti e capaci, un programma di computer può trattare in breve tempo anche decine di migliaia di possibili bersagli di farmaci. Lo scenario è quello similfantascientifico di colui che guarda, sullo schermo di un computer, una proteina sconosciuta che interagisce con un farmaco altrettanto scono-

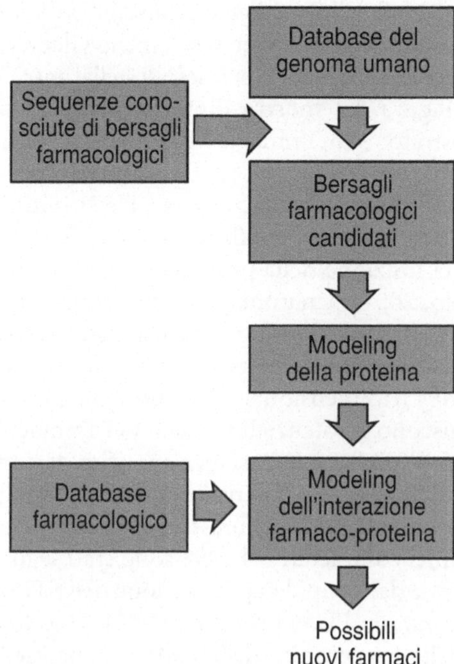

Fig. 8.2. La nuova procedura computerizzata per la scoperta dei farmaci scandaglia il database del genoma umano partendo da bersagli farmacologici conosciuti e da farmaci, anch'essi conosciuti. Il *computer modeling* costruisce le possibili interazioni tra potenziali bersagli virtuali, non ancora scoperti, e nuovi farmaci. Se la realtà virtuale del modello ottenuto con la procedura computerizzata risulta convincente, si passa alla biochimica reale

sciuto. Se ciò che si osserva è convincente, allora si dà inizio al processo molto più laborioso rivolto a convertire il modello virtuale in chimica reale.

STI571 (Gleevec): uno specifico inibitore di BCR/ABL

Nel Capitolo 7 abbiamo trattato la traslocazione cromosomica che porta alla formazione del cromosoma Filadelfia, e la conseguente fusione genica *BCR/ABL* specifica della leucemia mieloide cronica (CML). Queste hanno costituito la prima traslocazione cromosomica e, più tardi, la prima alterazione molecolare clonale scoperte in un tumore. Sembra, quindi, giusto che uno dei primi farmaci progettati sulla base delle conoscenze molecolari sia stato quello specifico per la CML. Studi svolti su modelli animali e colture cellulari hanno chiaramente dimostrato che il riarrangiamento *BCR/ABL* porta all'espressione di una tirosina chinasi anomala, dotata di cinetica e scelta del substrato diverse da quelle della tirosina chinasi ABL normale. Avvalendosi della conoscenza della molecola anormale, i ricercatori si prefissero di creare un farmaco che bloccasse selettivamente la chinasi anomala presente nelle cellule leucemiche. La positiva conclusione di questi studi è rappresentata dall'STI571 (*Signal Transduction Inhibitor* 571, inibitore 571 della trasduzione del segnale), chiamato anche Gleevec, consistente in una piccola molecola sintetica disegnata per inserirsi nella "tasca" catalitica della proteina BCR/ABL. La Figura 8.3 mostra l'interazione della tirosina chinasi BCR/ABL con il suo substrato: è un'immagine bidimensionale delle interazioni molecolari che conducono alla fosforilazione del substrato così come avviene nelle cellule leucemiche. La molecola farmacologica STI571 si inserisce nella tasca di BCR/ABL nella quale normalmente confluisce l'adenosina trifosfato (ATP) e blocca, in questo modo, la funzione della proteina di fusione BCR/ABL (vedere anche Goldman and Melo, 2001). Un'immagine più precisa di quella mostrata nella Figura 8.3 potrebbe essere una figura tridimensionale corredata delle annotazioni relative ai punti di attrazione per il legame tra le diverse componenti proteiche. Il *computer modeling* tridimensionale delle proteine permette di visualizzare le tasche che costituiscono i potenziali bersagli per farmaci come l'STI571. La struttura molecolare dell'STI571 è abbastanza specifica da conferirle la capacità di bloccare la chinasi BCR/ABL e solo una limitata attività inibitoria nei confronti delle numerose altre tirosina chinasi presenti nelle cellule normali.

Gli iniziali studi preclinici completati nel 1998 sono stati seguiti da sperimentazioni cliniche su pazienti e dalla rapida approvazione dell'STI571 da parte della *Food and Drug Administration* (FDA) nel maggio 2001. Questo farmaco è indicato per il trattamento della fase cronica della CML, ma ha mostrato una certa attività anche in tumori dello stroma gastrointestinale (GIST, *GastroIntestinal Stromal Tumor*) e forse in tutti i tumori dotati dell'antigene c-KIT. È auspicabile che l'STI571 faccia da esempio per lo sviluppo di altri farmaci progettati su misura sfruttando la conoscenza delle basi molecolari di una patologia.

Terapia genica

La terapia genica costituisce il vertice di tutto ciò che la medicina molecolare rappresenta: si avvicina il momento in cui sarà possibile curare malattie causate da mutazioni, ereditarie o acquisite, mediante la riparazione dei geni stessi. In un'i-

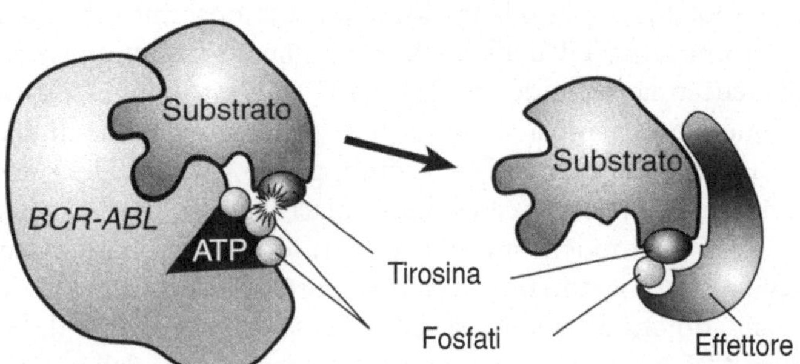

Fig. 8.3. L'inserimento di STI571 (Gleevec) nella molecola blocca l'anormale chinasi BCR/ABL nelle cellule leucemiche. ATP: adenosina trifosfato

potesi ancora più ambiziosa, il trasferimento genico potrebbe essere utilizzato per migliorare le condizioni fisiologiche. È possibile che, in futuro, venga migliorato il controllo dei lipidi e dei carboidrati per alleviare patologie cardiache o il diabete. Se la dieta non funziona, verrà somministrata ai pazienti una pillola che permetterà loro di tenere sotto controllo gli eccessi.

La terapia genica si sta sviluppando in molte direzioni. I problemi tecnici possono essere risolti, ma la medicina ha bisogno di fare esperienza con questa forma interamente nuova di terapia per essere in grado di trattare gli imprevedibili effetti collaterali e di risolvere i problemi di natura etica. Vediamo alcuni esempi attuali di terapia genica, banali, se paragonati a ciò che il futuro porterà, ma abbastanza impegnativi al momento.

Emofilia e terapia sostitutiva con i fattori VIII e IX

Le classica cura delle emofilie A e B (deficit ereditari, associati al cromosoma X, dei fattori VIII e IX) consiste nel reintegro dei fattori di coagulazione mediante ripetute infusioni di fattori derivati da plasma umano. Questa terapia, oltre a essere invasiva, mette il paziente a rischio di gravi infezioni, specialmente da virus dell'epatite. La tecnologia molecolare ha recentemente permesso di sviluppare i fattori VIII e IX ricombinanti come farmaci per la terapia sostitutiva, eliminando così il rischio di infezioni conseguente all'uso di proteine di derivazione umana o animale. La terapia ideale, tuttavia, è il trasferimento genico. Questo sembra ormai a portata di mano: numerosi trial clinici di terapia genica dell'emofilia sono, infatti, attualmente in corso. Ai policlinici di Filadelfia e dell'università di Stanford, in un trial di primo livello, è stato studiato un costrutto costituito dal gene del fattore di coagulazione IX inserito in un vettore AAV (AAV-CMV-hF.IX, Coagulin-B, Avigen, Inc., Alameda, California). Tre dei pazienti trattati hanno mostrato una modesta risposta clinica e, cosa più importante, non è stato osservato alcun segno di tossicità né la presenza di anticorpi inibitori contro la proteina. Un costrutto costituito dal gene del fattore VIII inserito in un plasmide è stato usato per trasfettare colture di fibroblasti di pelle provenienti da pazienti con emofilia A. Il trasferimento genico avviene in laboratorio nella piastra di coltura contenente i fibroblasti del paziente, introducendo il plasmide nelle cellule mediante uno shock elettrico. I fibroblasti transgenici (da 1 a 4 per 10^6 cellule) vengono quindi impiantati nell'omento del paziente. Su sei pazienti trattati, nessuno ha sviluppato inibitori contro il fattore VIII, e quattro hanno mostrato un miglioramento clinico.

Immunoterapia dei linfomi e delle leucemie

Sia le cellule dei linfomi che quelle delle leucemie sfuggono, di solito, alla sorveglianza immunitaria. Un vettore adenovirale contenente il gene codificante per l'antigene di superficie CD40 è stato utilizzato per trasfettare, in colture cellulari a breve termine, le cellule neoplastiche di alcuni pazienti, provocando quindi in tali cellule l'espressione di CD40. Le cellule leucemiche trasfettate, una volta reintrodotte nel paziente, stimolavano una risposta immunitaria da parte delle cellule T citotossiche. Le cellule modificate funzionavano sostanzialmente come un vaccino allestito su misura contro il tumore del paziente.

Terapia dei tumori mediante "geni per il suicidio"

Le cellule tumorali possono essere selettivamente soppresse dopo averle trasfettate con un "gene per il suicidio". Il gene della timidina chinasi del virus dell'herpes simplex (*HSVtk*) è stato usato in numerosi trial clinici. Un caso è costituito dalla trasfezione di cellule di un tumore cerebrale in fase di divisione con un costrutto retrovirale contenente *HSVtk*. Dopo la trasfezione viene somministrato l'antibiotico ganciclovir: questo farmaco viene convertito dall'enzima HSVtk in una forma letale attiva che sopprime le cellule tumorali. Inoltre, si verifica, in maniera consistente, il cosiddetto "effetto *bystander*" nel senso che anche le cellule tumorali circostanti, pur non avendo acquisito il vettore retrovirale contenente *HSVtk*, vengono soppresse. Questo effetto *bystander* è probabilmente mediato dalle strette giunzioni cellulari poste tra le cellule tumorali infettate e le loro vicine, che permettono il passaggio dei metaboliti tossici del farmaco.

Terapia della leucemia mediante reazione trapianto-contro-ospite

Il costrutto contenente il gene *HSVtk* viene usato anche per un'altra applicazione. I pazienti affetti da leucemia acuta sottoposti a trapianto di midollo osseo accusano frequentemente una reazione trapianto-contro-ospite come conseguenza dell'aggressione ai tessuti dell'ospite da parte dei linfociti presenti nel midollo del donatore. Se da un lato ciò costituisce un significativo aspetto patologico a carico dei pazienti trapiantati, dall'altro la reazione trapianto-contro-ospite si rivela anche un'efficace sistema di soppressione di tutte le cellule leucemiche residue. Traendo spunto da questa osservazione, è stata sviluppata una terapia sperimentale nella quale i linfociti del donatore vengono pretrattati con *HSVtk* e quindi introdotti nei pazienti leucemici, provocando una reazione trapianto-contro-ospite. Dopo alcuni giorni, la reazione viene bloccata mediante somministrazione di ganciclovir, che sopprime tutti i linfociti del donatore introdotti. Questo determina l'arresto degli effetti indesiderati della reazione una volta completata la soppressione delle cellule leucemiche del paziente.

Produzione di farmaci mediante tecnologie molecolari

I farmaci sono tradizionalmente ottenuti da fonti naturali, di solito piante, sotto forma di estratto di un infuso (solubile in acqua) o di un elisir (solubile in alcol). Poiché le nuove strategie di sviluppo dei farmaci riguardano sempre di più le molecole sintetiche, si rendono necessari nuovi metodi di produzione. Vediamo alcune classi di farmaci e come esse vengono sviluppate.

Antisenso

I farmaci antisenso sono brevi molecole di DNA a singola elica facilmente sinte-
tizzabili chimicamente mediante un processo automatico. Non è stato ancora
individuato il sistema ottimale per modificare lo scheletro delle molecole antisenso in modo da renderle più utilizzabili. È infatti necessario stabilizzare lo
scheletro per evitare che il farmaco venga enzimaticamente degradato nel sangue. L'ideale sarebbe una forma orale che resista alla digestione e venga assorbi-
ta, ma se questi problemi non venissero risolti, si potrebbe pensare di somminì-
strare l'antisenso mediante l'uso di un vettore. A prescindere dalla soluzione
finale al problema della somministrazione dell'antisenso, il grande vantaggio
rimane intatto: l'antisenso è estremamente specifico nei confronti di un unico
bersaglio. Un ulteriore vantaggio è costituito dal fatto che la sintesi di differenti
molecole antisenso viene portata avanti sempre con lo stesso procedimento:
passare dalla produzione di un farmaco antisenso a un altro richiede semplicemente di premere qualche pulsante su un sintetizzatore automatico. In questo
libro abbiamo visto le potenziali applicazioni della terapia antisenso in molti
campi, in particolare malattie infettive e cancro. Una volta limati i dettagli, sarà
disponibile un'enorme classe di molecole, ognuna con specifici bersagli, utilizzabili come farmaci.

Farmaci ricombinanti

L'insulina è stato il primo farmaco di largo uso a essere prodotto mediante la tecnologia del DNA ricombinante. Nei Capitoli 1 e 2 abbiamo visto che il gene *INS*
è relativamente semplice. Il gene è stato inserito in vettori di espressione batteri-
ci e di lievito, e i vettori ricombinanti sono stati introdotti nei microrganismi che,
a loro volta, sono stati coltivati nei bioreattori. I bioreattori sono contenitori per
colture di dimensioni industriali adatti per la crescita di grandi quantità di
microrganismi e per il ricavo di quantità commerciali di farmaco. L'insulina, prima di essere prodotta come **proteina ricombinante**, veniva estratta dal pancreas
di animali sottoposti a macellazione: data l'attuale incertezza riguardo la possibilità di trasmissione di elementi prionici dagli animali all'uomo (vedere Capitolo
4), si può facilmente immaginare quanta preoccupazione susciterebbe un'utilizzazione ancora largamente diffusa dell'insulina di derivazione animale.

L'ormone della crescita umano è un'altra proteina attualmente disponibile
come farmaco ricombinante. Le prime terapie basate su questo ormone utilizza-
vano la proteina estratta dall'ipofisi di cadaveri; questo sistema di produzione
rendeva disponibili solo quantità molto limitate dell'ormone stesso. Per fortuna!
È stato, infatti, successivamente appurato che, in alcuni casi, questo farmaco ha
trasmesso la malattia prionica di Creutzfeld-Jacob. I farmaci ricombinanti elimi-
nano il rischio di trasmissione di agenti infettivi associato ai prodotti di derivazione umana o animale. I fattori antiemofilici VII e VIII trasmettevano l'HIV e il
virus dell'epatite, sia B che C, a un gran numero di pazienti. Queste proteine sono

ora disponibili in forma ricombinante e, pertanto, prive di contaminazioni da virus umani. La Tabella 8.1 elenca alcuni ulteriori esempi di farmaci prodotti con tecniche ricombinanti.

Farmaci prodotti mediante *pharming*

Il *pharming*[2] rappresenta un'ulteriore evoluzione dei sistemi di produzione dei farmaci ricombinanti. I batteri e i lieviti non saranno mai in grado di sintetizzare proteine molto complesse, a differenza delle piante e degli animali che sono invece in grado di svolgere questo compito. Le piante e gli animali che vengono utilizzati per produrre farmaci sono **organismi geneticamente modificati** (OGM) e possono essere sostanzialmente considerati come degli enormi sistemi di espressione. Naturalmente, i sistemi produttivi basati sul *pharming* appaiono materialmente molto diversi da quelli che utilizzano i bioreattori, ma il principio è lo stesso. Nel Capitolo 4 abbiamo parlato della "banana epatite" e della "patata rotavirus": nel genoma di queste piante è stato inserito un gene codificante per un antigene virale e tale antigene, una volta ingerito insieme alla parte edule della pianta GM, stimola un certo livello di immunità. Le proteine espresse da queste piante sono potenziali vaccini orali ma anche esempi di farmaci prodotti mediante *pharming*. Diamo uno sguardo ad alcuni altri casi di piante GM la cui utilizzazione in campo clinico è appena agli inizi.

Un anticorpo anti-CEA nei cereali

Un anticorpo contro l'antigene carcinoembrionario (CEA) è stato ottenuto in un sistema di produzione su vasta scala che prevedeva il riso e il grano come ospiti. Dal materiale vegetale essiccato è stato possibile ricavare un anticorpo anti-CEA a singola catena Fv (intracorpo) con una resa pari a decine di microgrammi per grammo di pianta. La proteina contenuta nel materiale vegetale essiccato risultava stabile per lunghi periodi. Questa forma di produzione di un anticorpo poten-

Tabella 8.1. Esempi di farmaci ricombinanti o prodotti mediante *pharming*

Farmaci ricombinati	Farmaci da *pharming*
EPO	Soia – antipertensiva
GM-CSF	Latte – TPA
Fattore VII e fattore VIII	Tabacco – TPA
Insulina	Banana – vaccino antiepatite
Interferone	Patata – vaccino antirotavirus
Interleuchine	
TPA	

EPO: eritropoietina; GM-CSF: *Granulocyte/Macrophage Colony-Stimulating Factor*, fattore stimolante la formazione di colonie di granulociti e di macrofagi; TPA: *Tissue Plasminogen Activator*, attivatore del plasminogeno tissutale

---

[2] NdT. *Pharming* è un neologismo derivante dalla fusione di *pharmaceuticals*, prodotti farmaceutici, e *farming*, lavoro di fattoria (coltivazione e allevamento).

zialmente antineoplastico come proteina stabile ottenibile in un raccolto va al di
là delle iniziali applicazioni scientifiche volte a esprimere una proteina umana in
una pianta transgenica cresciuta in laboratorio.

La seta di ragno

La seta prodotta dai ragni è da tempo famosa per essere incredibilmente resistente, leggera ed elastica. Sfortunatamente, i ragni non si prestano molto bene a essere allevati; tuttavia, se non siamo in grado di allevare aracnidi, adesso siamo
almeno in grado di "coltivare" i loro geni. L'espressione dei geni delle proteine
della seta (anche chiamate spidroine) non ha funzionato nei batteri, in quanto
questi ultimi non posseggono alcuni aminoacidi in sufficiente quantità. Le piante di tabacco costituiscono un sistema di espressione migliore. Sono state prodotte piante di tabacco transgeniche dotate dei geni della seta di ragno: fino al 2%
delle proteine totali ricavate da tali piante è costituito da seta di ragno, una resa
adatta ai fini commerciali. La seta di ragno prodotta in quantità commercial-
mente adeguate ha molti potenziali usi come sostituto riciclabile della plastica; a
esempio, le applicazioni biomediche richiedono materiali molto leggeri e resistenti di origine organica e la seta di ragno può costituire una valida soluzione.

Corollario: il cibo di Frankenstein

La controversia sull'uso delle piante transgeniche in agricoltura, "il cibo di
Frankenstein" secondo la definizione data dai suoi detrattori, si protrarrà verosimilmente ancora per qualche tempo. I contrasti sulle implicazioni delle tecnologie
applicate al genoma coinvolgono la politica, l'economia, il mercato e l'opinione pub-
blica generale. I vantaggi tecnici riservati dall'uso di piante transgeniche sono numerosi: ridotto uso dei pesticidi, maggiore efficienza nell'uso dell'acqua, raccolti più
abbondanti e più rapidi, e coltivazioni in grado di crescere su terreni poco fertili. Al
di là di questi vantaggi, le coltivazioni transgeniche potranno offrire alimenti non
disponibili in precedenza. Un gene che permette l'accumulo di ferro nella varietà di
riso in cui viene inserito rende questo cereale un alimento quasi completo. Esiste
anche la possibilità di ottenere l'espressione di proteine animali nelle piante mediante l'inserimento, nel loro genoma, dei geni che le codificano: questo consentirebbe di
aggirare la catena alimentare e di mangiare "carne" facendo a meno dell'animale.

L'aspetto negativo dei cibi transgenici sta in ciò che non si conosce ancora di
loro. Una singola varietà di riso in grado di imporsi su tutte le altre porta con sé i
problemi della monocoltura. Di fronte a una malattia che distruggesse quell'unica
varietà di riso, sarebbe come aver messo tutte le nostre uova in un unico cestino
ed essere incorsi in un incidente terminato con la perdita del cestino stesso e di
tutto il suo contenuto. Alcuni vedono ciò come l'equivalente della bomba dell'anno 2000, stavolta inserito nel genoma di una pianta. Le nuove piante hanno un
impatto ecologico sconosciuto: di fatto, ogni modifica in agricoltura altera il
nostro ambiente. Le nuove proteine contenute nelle piante transgeniche potreb-

bero inoltre provocare nuove e inaspettate allergie. Poiché la pianta transgenica è un prodotto commerciale, la ditta produttrice sarebbe responsabile per gli eventuali effetti negativi mentre la stessa cosa non vale ovviamente per i tradizionali prodotti alimentari naturali. Un paziente che non può assumere farina a causa della sua enteropatia da intolleranza al glutine non può accusare nessuno; d'altra parte, un paziente la cui allergia alle uova venga peggiorata in seguito all'assunzione di un nuovo cereale transgenico potrebbe invece intentare una causa.

Ho dedicato del tempo a cercare di arrivare a una personale opinione circa l'accettabilità dei cibi transgenici e mi viene frequentemente domandato cosa ne penso, ma al momento non l'ho ancora deciso. So bene che le preoccupazioni, mia e del mondo occidentale, possono essere discutibili: sono ben nutrito e posso permettermi il lusso di dire no ai cereali transgenici. Tuttavia, un paese povero, rendendosi conto della possibilità di migliorare il proprio approvvigionamento alimentare mediante questa tecnologia, potrebbe passare all'azione senza prima porsi tante domande. La fame si è sempre dimostrata una forza potente.

Biomateriali e tessuti

Il trapianto di tessuti e di organi è pesantemente limitato innanzitutto dalla disponibilità di donatori e, in secondo luogo, dal problema della reazione di rigetto. La produzione di tessuti a partire da cellule staminali coltivate su una matrice artificiale potrebbe fornire un'alternativa. La pelle, la cartilagine e l'osso sono stati i tessuti più studiati da questo punto di vista. La matrice extracellulare di tutti e tre questi tessuti induce le cellule staminali a differenziarsi verso il giusto fenotipo; alla fine, le cellule producono autonomamente la matrice extracellulare e l'originale struttura artificiale di supporto viene riassorbita. Con l'estendersi delle nostre conoscenze riguardo ai differenti tipi di cellule staminali e dell'esperienza nel coltivarle, l'ingegneria dei tessuti potrebbe estendersi fino a includere interi organi. Le citochine, attualmente disponibili in gran quantità come proteine ricombinanti, contribuiscono ulteriormente all'induzione della crescita e del differenziamento dei tessuti e degli organi, ampliando la gamma dei tessuti che possono essere prodotti.

Cellule staminali embrionali

Nel Capitolo 3 abbiamo considerato le cellule staminali embrionali (ES) come un possibile punto di partenza per la clonazione. In questa sede dobbiamo guardare alle cellule ES come a una risorsa molto utile per la sostituzione o la rigenerazione dei tessuti[3]. Le cellule ES possono essere ricavate da una blastocisti con un'età

---

[3] NdT. È importante sottolineare che le leggi che regolano l'utilizzazione delle cellule staminali embrionali possono essere diverse da paese a paese.

approssimativa di cinque giorni a partire dalla formazione dello zigote: a questo stadio le cellule ES, essendo ancora del tutto indifferenziate, conservano la potenzialità di differenziarsi praticamente in qualsiasi tessuto dell'organismo. Esse possono anche essere indotte alla proliferazione in coltura allo scopo di ottenere un gran numero di cellule utilizzabili, a partire dalle poche iniziali. Le cellule ES umane possono essere ricavate da embrioni generati per la fecondazione *in vitro* risultati in eccesso rispetto a quelli utilizzati dalla coppia parentale. Molti vedono in questa soluzione una fonte eticamente accettabile di cellule ES (vedere Guenin, 2001). Un'altra fonte di cellule ES è costituita dagli aborti precoci, ma tale fonte è ritenuta inaccettabile dal punto di vista etico e verosimilmente illegale. Le cellule ES possono essere introdotte nei tessuti e indotte alla crescita e al differenziamento fino a rigenerare le funzioni degli organi. In termini di rigenerazione del tessuto, esiste una potenziale applicazione per quanto riguarda cuore, fegato, cervello, midollo spinale, cartilagine e muscolo. La controversia sull'uso delle cellule ES, anche a scopi di ricerca, non sarà verosimilmente risolta ancora per qualche tempo. La Tabella 8.2 riassume le fonti di cellule staminali per tutti i tipi di trapianto e rigenerazione tessutale. Cellule staminali pluripotenti derivate dal sangue o dal midollo e cellule staminali provenienti dal sangue del cordone ombelicale vengono utilizzate per la rigenerazione del sangue e del sistema immunitario. Queste cellule, e le altre fonti elencate nella Tabella 8.2, presentano una limitata capacità di rigenerare i tessuti, ma potrebbero tornare utili se le cellule ES dovessero essere considerate una fonte non etica o illegale. L'argomento delle cellule ES è il punto focale dell'attuale dilemma etico introdotto dall'ingegneria genetica e dalla clonazione in generale.

Tabella 8.2. Fonti di cellule staminali

Tessuto	Potenzialità
Sangue, midollo osseo	Cellule staminali ematopoietiche pluripotenti in grado di rigenerare il sangue e il sistema immunitario
Sangue del cordone ombelicale	Cellule staminali ematopoietiche pluripotenti native; possono essere trapiantate in riceventi non HLA-compatibili
Placenta	Cellule staminali probabilmente totipotenti; incerta la gamma di tessuti che sono in grado di rigenerare
Qualsiasi cellula adulta	In via teorica, può essere convertita in una cellula staminale totipotente mediante riprogrammazione e sdifferenziamento, come nella clonazione
Cellule staminali embrionali (ottenute da tessuti di feti abortiti o da embrioni creati per IVF e poi scartati; possono essere amplificate in coltura)	Cellule staminali totipotenti; sono in grado di rigenerare qualsiasi tipo di tessuto

HLA: *Human Leucocyte Antigen*, antigene leucocitario umano; IVF: *In Vitro Fertilization*, fecondazione *in vitro*

Riepilogo

La terapia molecolare deriva dalla conoscenza del genoma umano e dalla capacità di manipolarlo. La farmacogenetica è un nuovo modo di studiare le possibili interazioni tra paziente e farmaco. La risposta idiosincrasica a un farmaco da parte di un paziente può essere potenzialmente usata come un vantaggio anzichè subita come un inaspettato effetto collaterale. Il *computer modeling* e l'incrocio di dati farmacologici e genomici stanno rivoluzionando le tecniche di ricerca per lo sviluppo di nuovi farmaci. Mentre in passato i farmaci venivano ricavati da estratti vegetali scoperti per prova ed errore, i nuovi farmaci saranno molecole sintetiche prodotte per interagire con uno specifico bersaglio. Anche le procedure per la produzione dei farmaci sono cambiate: attualmente vengono usati geni inseriti in batteri o lieviti per produrre farmaci ricombinanti o, andando oltre, piante e animali geneticamente modificati per produrre farmaci mediante *pharming*. La terapia genica si pone al di là di ciò che solitamente viene considerato un farmaco: il suo obiettivo è quello di inserire nell'organismo la corretta informazione genetica. Dal punto di vista concettuale, la terapia genica è di gran lunga superiore a quella farmacologica: si corregge l'errore invece di tentare di contrastarlo.

Bibliografia

Goldman JM, Melo JV (2001) Targeting the BCR-ABL tyrosine kinase in chronic myeloid leukemia. *N Engl J Med* 344:1084-1086

Guenin LM (2001) Morals and primordials. *Science* 292:1659-1660

Mannucci PM, Tuddenham EGD (2001) The hemophilias – from royal genes to gene therapy. *N Engl J Med* 344:1773-1779

McCarthy JJ, Hilfiker R (2000) The use of single-nucleotide polymorphism maps in pharmacogenetics. *Nature Biotechnol* 18:505-508

Murray M (1999) Mechanisms and significance of inhibitory drug interactions involving cytochrome P450 enzymes. *Int J Mol Med* 3:227-238

Roses AD (2000) Pharmacogenetics and the practice of medicine. *Nature* 405:857-865

Scheller J, Gunrs K-H, Grosse F, Conrad U (2001) Production of spider silk proteins in tobacco and potato. *Nature Biotechnol* 19:573-577

Shi MM (2001) Enabling large-scale pharmacogenetic studies by high-throughput mutation detection and genotyping technologies. *Clin Chem* 47:164-172

Wall RJ, Kerr DE, Bondioli KR (1997) Transgenic diary cattle: genetic engineering on a large scale. *J Diary Sci* 80(9):2213-2224

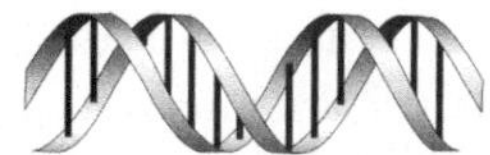

Capitolo 9

Conclusioni

Abbiamo trattato un gran numero di argomenti in un breve libro, iniziando con il paragone tra il DNA e un binario lungo milioni di miglia, del quale bisognava esaminare ogni traversina. Il Progetto Genoma Umano ci ha permesso di portare a termine questo compito. Poi abbiamo immaginato il nucleo della cellula e il DNA in esso contenuto come un pallone da basket contenente chilometri di seta di ragno. (Successivamente abbiamo visto che la proteina della seta di ragno è stata clonata, per cui, volendo, potremmo realmente produrre il nostro modello di pallone da basket). Il contenuto di informazione del genoma è stato poi paragonato a una biblioteca, una biblioteca ritenuta inizialmente "a sola lettura". In realtà abbiamo presto capito che manipolare il DNA è semplice: è possibile, cioè, alterare i nostri stessi genomi e "scrivere" documenti da aggiungere alla biblioteca che contiene le nostre informazioni genetiche.

Il primo esempio di medicina molecolare applicata alla clinica ha riguardato le malattie infettive. La moderna terapia delle infezioni si avvale di nuovi sistemi di aggressione ai microrganismi rappresentati da vaccini a DNA, ribozimi, intracorpi e ogni sorta di molecole sintetiche. La conoscenza del genoma dei microrganismi ci ha permesso di capire con quale facilità essi possano mutare per adattarsi a un ambiente in evoluzione. Il bioterrorismo è un negativo effetto collaterale derivato dalla conoscenza delle basi molecolari del fenomeno della virulenza nelle malattie infettive.

Abbiamo analizzato i meccanismi genetici alla base della mutazione e della riparazione del DNA. Malattie genetiche semplici, come la trombosi dovuta al fattore V Leiden, sono causate da una sostituzione di una singola coppia di basi facile da individuare e, un giorno, potrebbe essere possibile sottoporre l'intera popolazione a screening per questo tipo di patologia. Le malattie poligeniche, quali il diabete mellito e l'aterosclerosi, sono molto più complesse. La componente genetica di queste malattie è importante, ma non è tutto: anche l'ambiente contribuisce a stabilire in che modo la malattia si svilupperà. Il genoma umano non codifica per qualsiasi cosa: in molti casi si limita a organizzare la scena. Il sistema immunitario ne è un esempio. Esso, infatti, dipende dal riassortimento dei geni delle immunoglobuline e dei recettori delle cellule T, che consente di ottenere un'enorme varietà nella produzione degli anticorpi, ma si sviluppa anche in seguito alla sua esposizione all'antigene, ovvero in base a ciò che ha imparato e ricorderà da questa esposizione.

Il cancro, considerato limitatamente ai soli aspetti essenziali, è una patologia esclusivamente molecolare: è la conseguenza di mutazioni multiple a carico della via di trasduzione del segnale (oncogèni) o del sistema di riparazione del DNA (geni oncosoppressori). Queste conoscenze sono alla base di nuovi metodi di diagnosi precoce e di nuove terapie, come i vaccini anticancro. La speranza è quella di acquisire, in futuro, la capacità di "spegnere" la funzione degli oncogèni mutati con una terapia antisenso specifica.

Le terapie molecolari sono, allo stesso tempo, il prodotto più recente e il risultato di maggior peso emerso dalla comprensione delle basi molecolari delle malattie. Il trasferimento genico rivolto a riparare specifici difetti nelle malattie ereditarie ha preso il via ed è legittimo credere che sarà possibile fare molto di più nel prossimo futuro. Anche l'idea di migliorare il genoma umano è un'ipotesi attuabile: il primo passo sarà una trasfezione in utero con vaccini a DNA in grado di prevenire le malattie infettive e, in un futuro più lontano, si potrebbe pensare di limitare alcune fasi programmate dell'invecchiamento.

In conclusione, ci troviamo alla frontiera di una rivoluzione chiamata medicina molecolare. Sono disponibili gli strumenti per produrre un clone di noi stessi, per modificare il nostro patrimonio genetico e per creare nuove piante e animali per le nostre esigenze. Gli strumenti, al momento, sono in uno stato molto più avanzato di quello che caratterizza la nostra conoscenza e la nostra esperienza. Questo libro ha passato in rassegna le nostre conoscenze delle basi molecolari della vita per prepararci alle loro ricadute nel campo della medicina.

Glossario

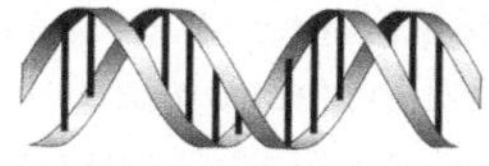

allele: una delle possibili forme alternative di un gene che può essere presente nella specifica posizione cromosomica occupata da quel gene

angiogenesi: processo di formazione dei vasi sanguigni; costituisce un importante fattore nella crescita tumorale

antisenso: breve molecola di DNA a singolo filamento la cui sequenza è complementare a quella di una porzione dell'mRNA; utilizzato per bloccare la traduzione

apoptosi (dal greco "caduta delle foglie"): processo mediante il quale una cellula va incontro a morte cellulare programmata in risposta a segnali interni

carcinoma *in situ*: stadio dell'evoluzione del cancro in cui le cellule maligne sono presenti ma non infiltrano i tessuti circostanti

cellula germinale: cellula uovo o spermatozoo

cellula somatica: qualsiasi cellula dell'organismo, a eccezione di quelle appartenenti alla linea germinale

cellule staminali: cellule indifferenziate, presenti in numerose localizzazioni, dotate di intensa attività proliferativa; sono destinate, attraverso processi di differenziamento, a evolvere in una linea specializzata allo scopo di sostituire le cellule mature di quella linea giunte al termine del loro ciclo vitale

cellule staminali embrionali: linea derivata da un embrione a uno stadio molto precoce, composta da cellule indifferenziate e sostanzialmente totipotenti

chimera: organismo che deriva da più di uno zigote

clonazione: produzione di molte copie di un gene, mediante la tecnologia del DNA ricombinante, o di un organismo, mediante la tecnica del trasferimento nucleare

clone: popolazione di cellule geneticamente identiche derivate da un'unica cellula capostipite; il termine viene anche usato per indicare un vettore contenente un determinato inserto e in grado di replicarsi in cellule ospiti, o un intero organismo ottenuto mediante la tecnica del trasferimento nucleare e, pertanto, geneticamente identico all'individuo donatore del nucleo

codone: tripletta nucleotidica che specifica un aminoacido o un segnale di terminazione della sintesi di un polipeptide

cromatidio: ognuno dei due filamenti identici, uniti al centromero, del cromosoma duplicato

crossing over: scambio reciproco di segmenti tra cromosomi omologhi durante la meiosi; dà origine a cromosomi ricombinanti

dominante: allele che esercita il proprio effetto fenotipico sia quando è presente allo stato omozigote sia quando è presente allo stato eterozigote

enzima di restrizione: enzima batterico che taglia il DNA a livello di una specifica sequenza nucleotidica; strumento fondamentale della tecnologia del DNA ricombinante

esone: segmento di DNA codificante all'interno di un gene, separato dagli esoni adiacenti per la presenza di segmenti non codificanti denominati introni

expression array: chip a DNA che evidenzia le specie di mRNA presenti in un determinato momento in una specifica popolazione cellulare o in uno specifico tessuto

farmacogenetica: studio delle basi genetiche della diversa risposta ai farmaci

fattore trascrizionale: proteina che regola la trascrizione di specifici geni legandosi a una specifica sequenza di DNA o a un altro fattore trascrizionale

fecondazione *in vitro* (IVF, *In Vitro Fertilization*): produzione di uno zigote all'esterno dell'organismo mediante fusione di uno spermatozoo con una cellula uovo; lo zigote ottenuto dà origine a un embrione destinato a essere impiantato

gene: segmento di DNA codificante un'unità informazionale che fa stabilmente parte della struttura di una cellula; una copia di tale unità viene trasmessa, al momento della divisione cellulare, a ciascuna delle cellule figlie

gene oncosoppressore: gene che, quando è mutato in entrambe le sue copie, conferisce alcune proprietà dello stato neoplastico

genomica funzionale: analisi complessiva della funzione dei geni e delle sequenze non geniche presenti in interi genomi

ibridazione *in situ* fluorescente (FISH, *Fluorescence In Situ Hybridization*): metodo di analisi dei cromosomi e dei geni basato sull'uso di sonde a DNA fluorescenti

intracorpo: anticorpo a singola catena prodotto mediante ingegneria genetica

introne: segmento di DNA non codificante presente all'interno di un gene e interposto tra due esoni

linea germinale: termine che indica i gameti (cellula uovo o spermatozoo) e le cellule precursori dalle quali essi derivano mediante divisione cellulare

microarray: griglia (*array*) miniaturizzata di oligonucleotidi fissati ad alta densità e in posizioni note a un substrato costituito da vetro, silicio o silice; è utilizzato per eseguire rapidamente analisi genetiche su larga scala in cui gli oligonucleotidi hanno il ruolo di sonde geniche

modificazione post-traduzionale: modificazione della struttura di una proteina che si verifica dopo che la proteina è stata sintetizzata mediante traduzione dell'mRNA sui ribosomi

oncogène: gene coinvolto nel controllo della proliferazione cellulare; quando è mutato o troppo attivo può contribuire a trasformare una cellula normale in una cellula tumorale

open reading frame (ORF): sequenza di DNA significativamente lunga nella quale non sono presenti codoni di terminazione

organismo geneticamente modificato (OGM): vedere **transgenico**, organismo

pharming: neologismo coniato per indicare l'impiego di piante e animali transgenici per la produzione di proteine ricombinanti destinate a essere utilizzate come farmaci

poligenico: carattere che dipende da più di un gene

polimorfismo di un singolo nucleotide (SNP, *Single Nucleotide Polymorphism*): polimorfismo del DNA costituito dalla variazione di una singola coppia di basi in un particolare sito del genoma

prione: agente patogeno costituito da una singola proteina con conformazione anomala, in grado di produrre altri prioni a partire dalla proteina normale

promotore: combinazione di brevi elementi di sequenza ai quali si lega l'RNA polimerasi per poter iniziare la trascrizione di un gene

proteina ricombinante: proteina prodotta in seguito all'introduzione del gene che la codifica in cellule batteriche o di lievito (vedere *pharming*)

proteomica: studio di tutte le proteine espresse da un organismo, da un tessuto o da un tipo cellulare in un determinato momento

reazione a catena della polimerasi (PCR, *Polymerase Chain Reaction*): tecnica di amplificazione di specifici frammenti di DNA; utilizzata per evidenziare la presenza di uno specifico frammento di DNA in un campione o per produrne un elevato numero di copie

recessivo: allele che esercita il proprio effetto fenotipico soltanto se presente allo stato omozigote

ribozima: molecola di RNA dotata di un'attività enzimatica di solito consistente nel taglio di altre molecole di RNA

telomero: struttura localizzata alle estremità dei cromosomi; subisce un accorciamento a ogni divisione cellulare

topo *knockout*: topo geneticamente modificato in modo da essere privo di una specifica funzione genica

transgenico, organismo: organismo il cui genoma è stato modificato mediante l'introduzione di DNA estraneo

vaccino a DNA: nuova classe di vaccini basati sul trasferimento di DNA all'interno della cellula; l'espressione di tale DNA all'interno della cellula induce immunità mediata dal complesso maggiore d'istocompatibilità (MHC) di tipo I; possibile metodo di vaccinazione contro il virus del papilloma umano (HPV) e contro il virus dell'immunodeficienza umana (HIV)

vettore: molecola di DNA in grado di trasportare all'interno di una cellula un frammento di DNA estraneo in esso inserito e di replicarsi all'interno della cellula ospite

Indice analitico

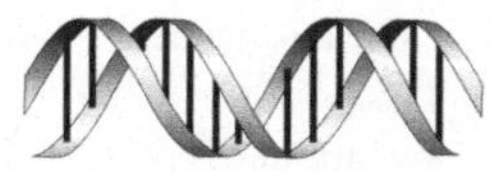